# 人工智能基础

第一册

主编
汤晓鸥
潘云鹤
姚期智

华东师范大学出版社
·上海·

**图书在版编目(CIP)数据**

人工智能基础. 第一册/汤晓鸥,潘云鹤,姚期智主编.
—上海:华东师范大学出版社,2022
ISBN 978-7-5760-3080-8

Ⅰ.①人… Ⅱ.①汤…②潘…③姚… Ⅲ.①人工智能-青少年读物 Ⅳ.①TP18-49

中国版本图书馆 CIP 数据核字(2022)第 135616 号

**人工智能基础** 第一册

主　　编　汤晓鸥　潘云鹤　姚期智
责任编辑　孙　婷
项目编辑　王嘉明
责任校对　刘伟敏　时东明
装帧设计　卢晓红　张明珠

出版发行　华东师范大学出版社
社　　址　上海市中山北路 3663 号　邮编 200062
网　　址　www.ecnupress.com.cn
电　　话　021-60821666　行政传真 021-62572105
客服电话　021-62865537　门市(邮购)电话 021-62869887
地　　址　上海市中山北路 3663 号华东师范大学校内先锋路口
网　　店　http://hdsdcbs.tmall.com

印 刷 者　上海昌鑫龙印务有限公司
开　　本　787 毫米×1092 毫米　1/16
印　　张　17.25
字　　数　234 千字
版　　次　2022 年 8 月第 1 版
印　　次　2025 年 1 月第 3 次
书　　号　ISBN 978-7-5760-3080-8
定　　价　59.00 元

出 版 人　王　焰

(如发现本版图书有印订质量问题,请寄回本社客服中心调换或电话 021-62865537 联系)

# 编委会


主　编

汤晓鸥　潘云鹤　姚期智

执行主编

林达华

本册编者(按姓名拼音排序)

柏宏权　戴　娟　董晓勇　宫　超　韩江帆　郝晓君
黄青虬　李　诚　李治中　刘　宇　刘啸宇　刘志毅
潘安娜　祁荣宾　邵　典　沈宇军　田　丰　王　健
王　静　吴　桐　许鲁珉　张　禄　张　铭　赵　峰

# 序一

当我收到邀请为本套图书写序时，心里很纠结：一方面，我没做过人工智能研发，也没讲过人工智能课程，自知没有资格为人工智能读本写序；另一方面，作为从业多年的教育工作者，又曾参与人工智能发展战略研究，深知人工智能教育对推动智能化和促进教育改革的重要性。这套《人工智能基础》图书是上海人工智能实验室编写的、面向高中学生的读本，是很有意义的开拓性的探索。所以，我想借此机会就人工智能教育讲几句话。

第一，人工智能是推动社会智能化的先进生产力。人工智能是具有普遍意义的革命性的通用技术，它正在加速推动我们生活和生产的智能化，这是一个不可逆转的历史进程。

第二，人工智能教育对于智能化发展具有基础性、全局性和先导性的作用。当今的青少年是智能化的"原生代"，让他们学习、掌握好人工智能，以造福人类社会，是当代教育的重大任务。联合国教科文组织发布的《北京共识——人工智能与教育》中要求，"将人工智能相关技能纳入中小学学校课程和职业技术教育与培训（TVET）以及高等教育的资历认证体系中"。我国《新一代人工智能发展规划》也要求，"实施全民智能教育项目，在中小学阶段设置人工智能相关课程"。

第三，开展人工智能教育是一项全新的、充满挑战性的工作。人工智能毕竟是一门在信息科学、数学和统计学等众多学科基础上发展起来的且尚处在快速发展中的高新技术，在基础教育阶段开展人工智能教育，决不是开设一门课程那样简单的工作。人工智能教育，可以包含以人工智能为内容的教育、以人工智能为工具的教育和人工智能（即智能化）时代的教育，涉及从内容、方法到体系的深刻而广泛的教育变革。

第四，本套图书结合对人工智能基础知识的传授，进行着值得称道的改革创新探索。比如，本书各章从“主题学习项目”入手，力求将“学理”寓于解决问题的过程之中；又如，本书的模块化设计，既有利于教学的灵活安排，又有利于将人工智能学习与其他课程更好地结合起来；再如，本书各章均嵌入“人工智能小故事”，有助于培养学生的技术伦理意识和人文关怀。本书还积极探索理论与实践结合的问题导向学习、将人工智能工具用于学习、个体学习与团队学习结合等新的教学模式。

作为新的探索，还需在实践中不断完善。衷心希望参加本套图书教与学的老师和同学，积极参与这一创新探索，共同创造人工智能教育的有效模式。

龚 克

中国新一代人工智能发展战略研究院执行院长

# 序二

二十一世纪最初的二十多年，科学技术和人类社会的发展，均变动剧烈，令人吃惊的事件层出不穷，俨然是一个高度不确定的“风险社会”，实际上，这也可能是一个充满无限可能的“机遇时代”。

现代量子力学认为，宇宙起源于虚无中的量子涨落，起源于真空中爆发的奇点。奇点是一个体积无限小，曲率无限高，温度无限高，密度无限大的存在。它是一切真正的原始起点并包含着无限的未来，而这与我们的先人老子在2500多年前提出的“天下万物生于有，有生于无”的论断不谋而合。而库兹韦尔早在2005年，就预言2045年奇点将会来临，届时人工智能将可能完全超越人类智能。

人工智能通过近70年的发展，已经渗透到各行各业中，成为人类改变世界的有力工具。而这几年，量子科技、量子信息、量子计算快速进步，一再颠覆性地突破，从今往后，基于新一代量子技术及器件基础之上的人工智能，将会更令人惊叹！

即使在过去的近10年间，得益于计算机算力的提高和大数据的积累，以深度学习为代表的人工智能技术也得到了迅猛发展，现如今人工智能已经可以写诗、谱曲、绘画、做实验、发现新药、寻找催化剂、设计新材料、合成新物质等等，且能力超强，效率惊人，不知疲倦。为了保证我们在越来越加速奔向未来的“时间高铁”中不掉队、不落伍，不成为人工智能时代的盲人，我们需要知道，究竟什么是人工智能，其背后的原理是什么，现今的人工智能是否已经超越人类智能，以及如何保障人工智能与人为善。

这套图书涵盖了人工智能的四项基本技术能力——感知、学习、推理和决策，以及它们在数学上的核心——表达与模型；同时，它也指出了人工智能教育应该蕴含的、在技术之上的一个重要方面，也就是人工智能所带来的重大社会影响。本套图书将这些要点融汇到具体的章节内容中，同时采用项目制的方式保障学生实践练习。全套图书将人工智能学习划分为四个单元，每个单元立足于一个应用领域，贯穿核心模型、基本技术、实践应用、社会影响四个知识圈层，使学生在学习知识的过程中，体会到各层知识之间的相互联系。

技术的发展永远是一把双刃剑。人工智能技术的广泛应用，提高了生产效率，给我们的生活带来了便利，但也带来了隐私、伦理、公平、安全、就业等方面的挑战。本套图书在介绍技术原理的基础上也注重对伦理问题的探讨，通过一系列伦理案例，引导学生正视人工智能背后的问题，确立技术可控、可持续发展、以人为本的人工智能伦理观，提前洞悉和理解人工智能所产生的社会影响，以便客观看待和冷静思考人工智能与人以及社会的多元关系，从而实现人类社会和人工智能技术的可持续发展。

让我们一起来研究阅读《人工智能基础》吧！我们人类智能可以和人工智能携手并进，互相借鉴，互补向前，从而共同创造地球生态和人类社会的美好明天！

钱旭红

中国工程院院士、华东师范大学校长

# 寄语一

“人工智能”的第一个字是“人”，有了顶级的人才，一流的、原创的 AI 就能水到渠成。真正的原创是“源头创新”，“源”字三点水的三个点代表了源头创新的三个核心要素：

第一，好的创新环境，即保护知识产权，尊重原创。

第二，尊重人才，重视人才培养，通过 AI+教育，十年树木，百年树人，让原创“源远流长”。

第三，学术的充分交流与合作。AI 需要突破传统行业之间的界限，突破学术与产业的界限，突破国与国的界限，才能碰撞出思想的火花，结出丰硕的果实。

为了实现“源头创新”，推动原创的 AI 技术研究，需要一个健康而高效的人才培养体系，这个培养体系要从基础教育开始。本书将以培育人工智能时代所必需的思维方式为核心，向同学们传授人工智能的基础原理与知识，讲述人工智能发展对经济社会生活的影响，培养和锻炼同学们使用人工智能技术解决问题、开拓创新的能力。期待同学们加入这个创新创造的旅程，共同为构建人工智能时代的新型教育体系添砖加瓦。

汤晓鸥

# 寄语二

人工智能 2.0 时代正在到来。2017 年，国务院印发《新一代人工智能发展规划》，对人工智能走向新一代进行了谋划布局。人工智能作为新一轮产业变革的核心驱动力，将进一步释放历次科技革命和产业变革积蓄的巨大能量，创造新的强大引擎，重构生产、分配、交换、消费等经济活动各环节，形成从宏观到微观各领域的智能化新需求，催生新技术、新产品、新产业、新业态、新模式，引发经济结构重大变革，并深刻改变人类生产生活方式和思维模式，实现社会生产力的整体跃升。

世界正从二元空间转为三元空间。也就是说，在原有的人类社会空间和物理空间之间，而今加入了一个新的空间，即信息空间。三元空间加速互联互动催生了人工智能 2.0 时代，大数据智能、群体智能、跨媒体智能、人机混合增强智能和自主智能系统将作为关键理论和技术支撑，生发出各种算法和系统，应用到城市、医疗、制造等实际创新之中。

从世界变化的角度看教育，不同专业方向的学生都应学习数字化、智能化技术，未来才能立于不败之地，并卓然立于潮头。不仅如此，人工智能的学习要从中小学就开始打基础，需将编程的思想、理念和技术渗透到中小学教育中去。本套图书将人工智能的感知、学习、推理和决策落实到项目层面，通过项目实践帮助同学们了解和学习人工智能原理，尝试应用人工智能解决问题，培养使用人工智能的能力，为未来数字化、智能化的发展储备力量。

潘云鹤

# 寄语三

人工智能作为第四次工业革命的重要驱动力量，正深刻改变着教育、医疗、金融等行业，极大地推动了社会进步，并产生了巨大的社会影响。人工智能已成为21世纪最重要的新兴科学之一，其重要程度可比肩前两个世纪中的数学和物理，会对各个学科产生无比深远的影响。

中国要在人工智能领域达到世界领先的水平，就必须给学生提供最优质的人工智能教育。我们要把人工智能当作一门基础学科来建设，而中学的人工智能教育，是人才培养的核心环节。

如何让学生在科学启蒙阶段打下坚实的人工智能基础，是中国也是全世界正在探究的问题。

本书希望通过人工智能相关的项目实践，为同学们系统介绍人工智能，揭示人工智能算法原理，探究人工智能背后的伦理问题，让同学们初步了解人工智能神奇而巨大的作用，进而不断学习，为迎接人工智能时代的到来打下坚实基础。

姚期智

导 引 1

1. 回首：人工智能发展历史 2
2. 初探：什么是机器学习? 11
3. 应用：人工智能无处不在 15
4. 讨论与展望：人工智能的未来 20

第 1 章 编程入门 28

1.1 Python 语言简介 31
1.2 Python 语言基本知识 38
1.3 Python 分支结构与字符串 49
1.4 Python 列表、字典与循环结构 62
1.5 Python 函数与模块 78
*1.6 Python 类与对象 89
1.7 人工智能小故事 99

第 2 章 算法初探 102

2.1 算法的基本知识 105
2.2 解析算法与枚举算法 114
2.3 排序算法 121
2.4 查找算法 128
*2.5 递归算法 133
*2.6 迭代算法 144
2.7 人工智能小故事 153

* 为选学内容

第 3 章 数据初探 156

3.1 计算机中的数据 159
3.2 数据处理 173
3.3 数据可视化 194
3.4 人工智能小故事 204

第 4 章 回归与分类 207

4.1 机器学习 210
4.2 线性回归 224
4.3 二分类 240
4.4 人工智能小故事 256

后记 259

# 导引

提起人工智能，浮现在你脑海中的第一个画面是什么？是战胜了李世石的围棋高手，是科幻电影中奴役人类的冷血智能体，还是《超能陆战队》中温暖的医疗机器人大白？在现实生活中，语音助手、刷脸支付、自动驾驶……这些形态各异的应用背后又蕴含怎样的知识呢？如果你对这一切充满好奇，那么请带上你强烈的求知欲，以本书为起点，来探索人工智能背后的知识世界吧！

# 1. 回首：人工智能发展历史

人工智能萌芽源于人类对于人脑智能的好奇和追问。20 世纪初期，科学家们通过生物和化学实验的方式验证了神经细胞的存在，这也证实了人脑的智能活动有着真正的生物物质基础。1946 年，第一台通用电子计算机诞生了。在电子计算机诞生不久之后，一位人工智能领域的先驱者——艾伦·图灵（Alan Turing）提出了一个影响深远的问题："机器能思考吗？"图灵提出了一些方法来测试一台机器是不是智能的，这一测试也被称为"图灵测试"，如图 0-1-1 所示。"人工智能"这个概念第一次被正式提出，则是在 1956 年的达特茅斯会议上。因此，这一年常被定义为"人工智能发展元年"。

**图灵测试**

测试过程中，提问者（人类）同时向一台机器和一名回答者（人类）提出一系列问题。提问后，在固定时间内让提问者辨别哪个答案是由机器或回答者（人类）回答的。通过问答测试，如果超过30%的提问者（人类）不能辨认出机器的身份，那么这台机器被认为是智能的。

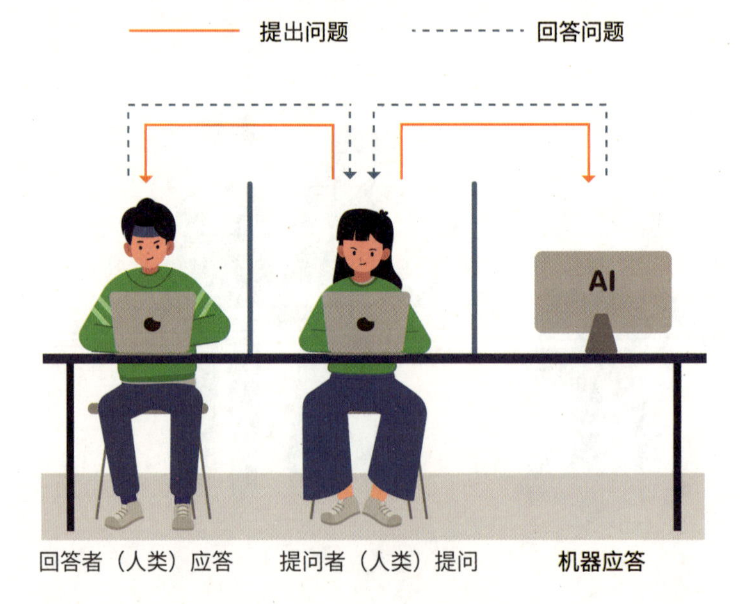


图 0-1-1　图灵测试

在人工智能发展的历程中，研究者们有自己不同的主张，因此也发展出不同的学派，主要包括联结学派、符号学派、进化学派、贝叶斯学派和类推学派。这一节将对这些学派进行简单的介绍，希望能帮助同学们开阔思路，博采众长。

## 1.1　联结学派

联结学派认为，打开智能宝盒的钥匙，也许就藏在神经元及其连接之中，所以应该从人脑构造中寻求启发。如图 0－1－2 所示，人的大脑中存在着分布广泛的生物神经网络，这些网络由生物神经元互相连接所组成。连接的神经元之间可以传递信号，连接的强度也可以被调节。如果能对生物神经元的一些特性进行模拟，再将这些人工模拟的神经元连接起来，是不是就能从某种程度上去接近生物的智能了呢？

联结主义的探索之路就是如此进行的。1943 年，第一个神经元模型——MP 模型被提出，这是对人脑的神经元进行描述的第一次尝试。然而，MP 模型在发表时并没有给出一个学习算法来调整神经元之间的连接强度，也就是权重 $w$。1957 年，富兰克・罗森布拉特(Frank Rosenblatt)提出了著名的感知器模型。感知器模型具有 MP 模型所不具有的学习能力——输入量的权重是可以被调节的，两者的对比如图 0－1－3 所示。感知器可以被看作是一种简单的神经网络，它标志着神经网络进入了新的发展阶段。

然而在 1969 年，马文・明斯基(Marvin Minsky)等人却从数学角度论证了感知器的局限性[①]。最经典的例子，就是这种单层的感知器无法解决异或问题。什么是异或问题呢？异或问题从几何的角度来看，如图 0－1－4 所示。

---

① MINSKY M, PAPERT S. Perceptrons：An Introduction to Computational Geometry [M]. Cambridge: The MIT Press, 1969.

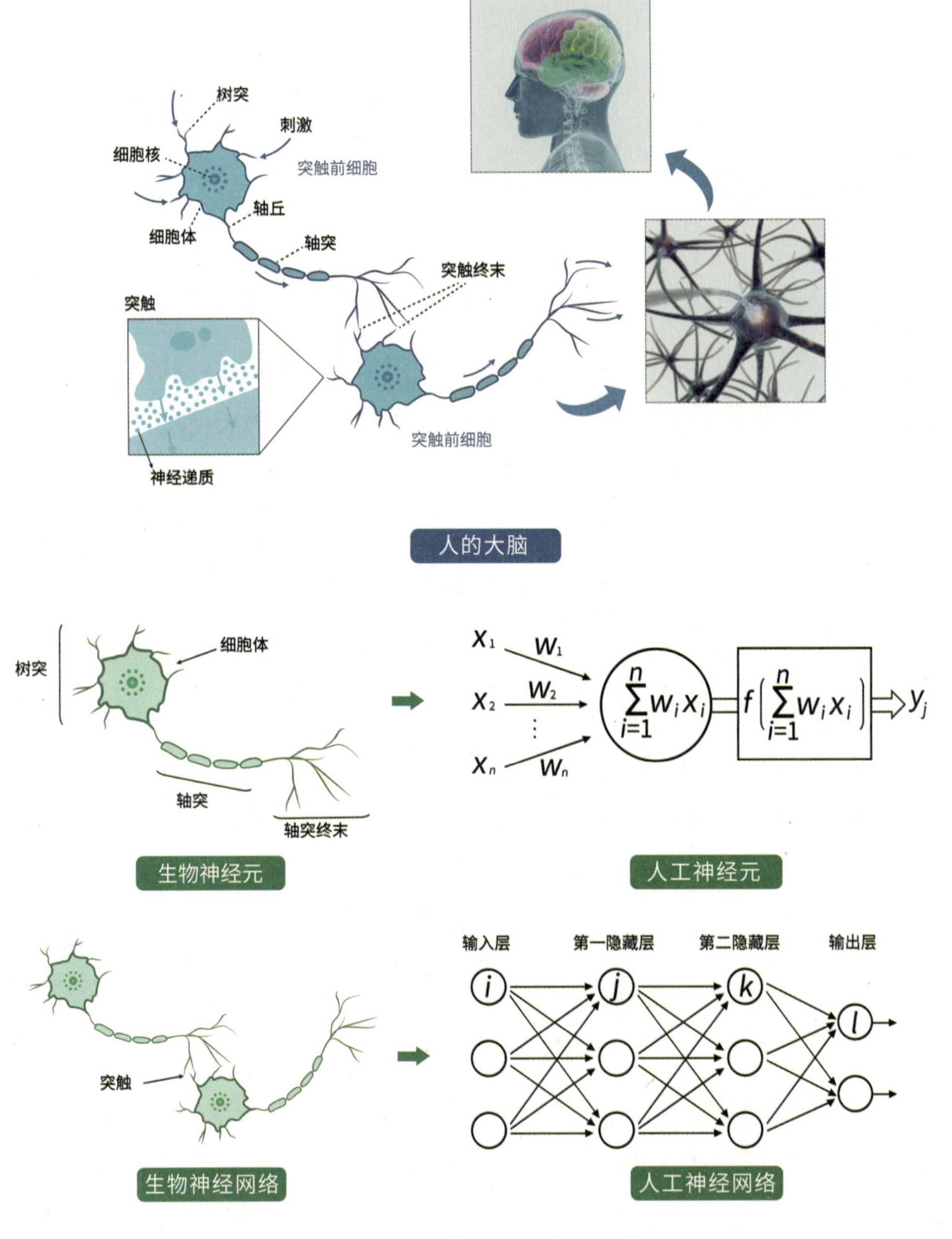


图 0-1-2　从生物神经网络到人工神经网络

MP 模型

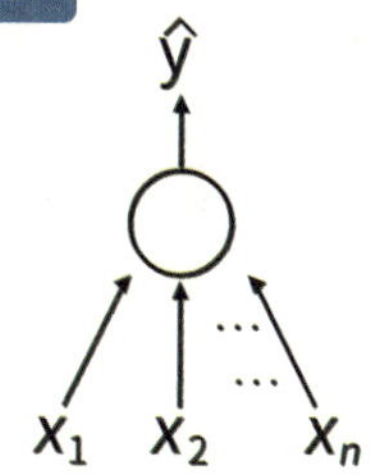


$\hat{y}=1 \quad \text{if} \sum_{i=1}^{n} x_i \geqslant b$

$\hat{y}=0 \quad \text{otherwise}$

0/1 输入（boolean inputs）
线性（linear）
输入没有被加权（Inputs are not weighted）
阈值b可调整（adjustable threshold）

感知器模型

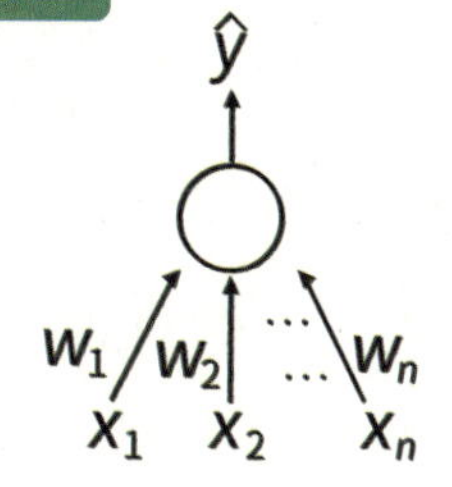


$\hat{y}=1 \quad \text{if} \sum_{i=1}^{n} w_i x_i \geqslant b$

$\hat{y}=0 \quad \text{otherwise}$

实数输入（real inputs）
线性（linear）
每个输入Xi可被权重调整（weights for Inputs）
阈值b可调整（adjustable threshold）

图 0-1-3　MP 模型与感知器模型的对比

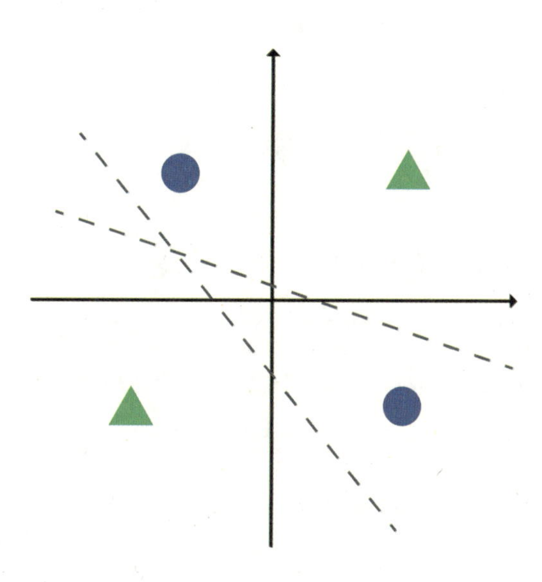

图 0-1-4　异或问题，线性不可分

两类不同类别的数据分别用圆圈和三角表示，这些数据绘制在二维坐标系中。异或问题就是找到一条直线把两类数据分开。显而易见，图中的两类数据无法使用一条直线分开，我们称之为线性不可分。而单层感知器只能解决线性可分问题，被寄予厚望的人工神经网络竟然连这么简单的问题都无法解决。人们对神经网络高涨的热情逐渐冷却，神经网络的发展也开始进入低潮期。

二十世纪八十年代初，神经网络迎来了新一轮的兴起。有人开玩笑说，如果神经网络的发展历史是一部童话电影，明斯基就是给“白雪公主”“毒苹果”的“皇后”，让作为“白雪公主”的神经网络一度陷入昏迷。而唤醒“白雪公主”的“白马王子”则是加州理工学院的物理学家——约翰·霍普菲尔德(John Hopfield)。1982年，受到一种磁性材料——自旋玻璃的启发，霍普菲尔德提出了著名的霍普菲尔德网络，促进了联结学派的复兴。1985年，杰夫·辛顿(Geoffrey Hinton)等人，在霍普菲尔德网络里加入了随机思想，提出了著名的玻尔兹曼机，并在其中提出了“隐层”的概念。在随后的研究中，科学家们发现，层数的增加可以为神经网络带来更强的学习潜力，但与此同时神经网络训练的困难程度也会大大增加。1986年，杰夫·辛顿等人将著名的反向传播算法应用于多层神经网络的训练方面，为神经网络的大繁荣打下了坚实的基础。

1998年，来自法国的扬·勒丘恩(Yann LeCun，中文名杨立昆)改进了卷积神经网络(Convolutional Neural Network，也就是大名鼎鼎的CNN)，并在手写数字识别任务上取得了当时最好的结果。图0-1-5展示了改进的卷积神经网络结构LeNet是如何识别手写数字“0”的。

最近一次神经网络浪潮兴起的标志，是2006年杰夫·辛顿等人发表的一篇关于深度信念网络的文章。自那时开始，“深度学习”“神经网络”等概念获得了越来越多的关注。深度神经网络的出现极大地推动了人工智能的发展，使许多领域(视觉、听觉、自然语言处理)中传统任务执行的准确率都

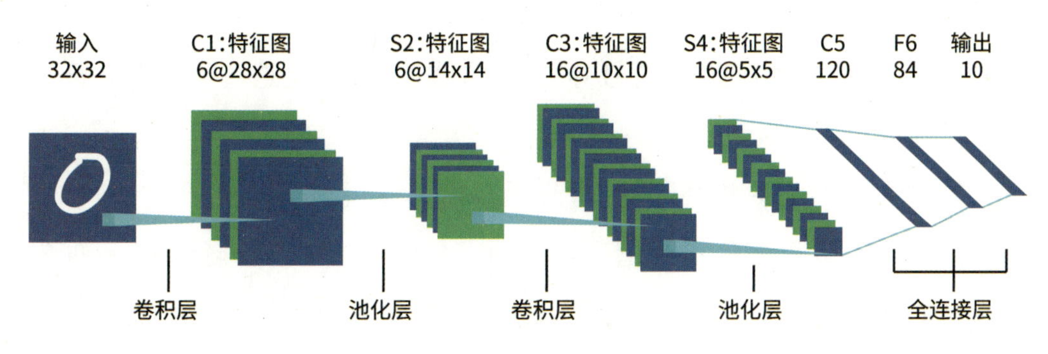


图 0-1-5　LeNet 手写数字识别

得到了极大的提升。2018 年，被称为“计算机领域诺贝尔奖”的图灵奖，就授予了为深度学习作出巨大贡献的三位著名科学家：杰夫·辛顿，扬·勒丘恩和约书亚·本希奥（Yoshua Bengio）。

## 1.2　符号学派

符号学派用物理符号及相应规则来表达系统的存在和运行。符号学派认为智能可归结为对符号的操纵，例如图 0-1-6 中以字母为符号解方程，

图 0-1-6　解方程时定义的符号

解方程时会预先定义一些符号（如 $x$ 等），同时也需要一些预先定义的规则（如怎样加减乘除，如何移动符号等）。解方程的过程，就是基于规则对符号进行操纵的过程。

符号学派的重要思想是“逆向演绎”，简单来说就是对经验进行归纳。1955 年末，符号学派专家艾伦·纽厄尔（Alan Newell）和赫伯特·西蒙（Herbert Simon）做了一个名为“逻辑专家”的程序。这个程序被很多人认为是第一个人工智能程序。二十世纪六七十年代，基于知识的专家系统取得了卓越的成绩，并在许多领域得到了广泛的应用，如化学领域、医疗领域等。专家系统的研发在当时被称为是“革命性”的，直至现在，专家系统仍有强烈的现实意义。

## 1.3 进化学派

在人工智能领域，联结学派和进化学派都有那么一点“法自然”的意味（这里的“法”是动词，指“效仿”）。不过进化学派的学者关注的是如何学习优秀精巧的“结构”，而联结学派的学者则喜欢用一个简单的结构，通过调整连接行为，让权重学习完成学习任务。通俗地讲，进化学派希望找出“先天”条件优异的“好苗子”，而联结学派则注重“后天”的学习。

进化学派倡导向自然规律学习，认为所有形式的学习都源于自然选择。进化学派早期最著名的奠基人之一是约翰·霍兰德（John Holland），他为这一学派最有影响力的算法之一——遗传算法，作出了不可磨灭的贡献。遗传算法的思想类似于选择育种，在算法运行过程中不断进行交叉、变异和适应度选择，留下最优秀的算法结构，正如一代一代的耕种者不断选择着粮食产量更高的稻谷、果子最大最甜的果树。

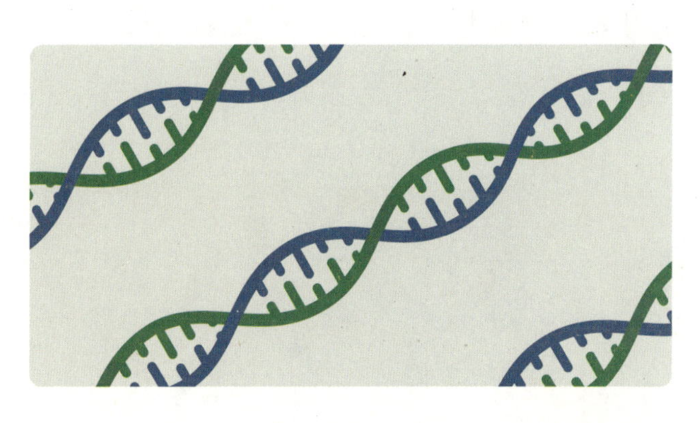

图 0-1-7 人进化过程中的基因双螺旋结构

那么，仅仅向自然学习就足够了吗？这个问题的答案并不乐观。事实上，生物尺度上的进化十分漫长，并且进化的产物也可能充满问题和错误。遗传算法目前还存在很多问题，例如搜索速度慢、参数难以调整等，目前还没有在大规模数据中产生有代表性的成功案例，因此在工业界也无法实现大规模的应用。

## 1.4 贝叶斯学派

贝叶斯学派最关注的问题是不确定性，比如投掷一枚硬币，在硬币落地之前，正面朝上还是反面朝上是不能确定的。预先掌握的经验和知识是不确定的，学习的过程也是不确定的。贝叶斯学派认为“学习”是概率推理的一种形式，最主要的算法就是基于贝叶斯定理和衍生定理产生的算法。

贝叶斯学派还认为，生活中很多事件是无法用简单的逻辑来推断的。在日常生活中，会将现象的经验推理与某种先验相结合，并且收集大量的数据，基于数据的统计来更新先验。比如以抛硬币实验为例，先验知识表明，硬币一般是均匀的。基于这个先验，抛一百次硬币，正面朝上的次数应该是五十次左右。而如果抛了一百次硬币，发现正面朝上的次数只有二十次，那么想必大家就会开始怀疑最开始的先验——也就是硬币是均匀的这个知识是不是正确的了。

图 0-1-8 抛硬币实验

贝叶斯方法于二十世纪七十年代在语音识别领域获得了巨大成功。在计算机视觉领域，基于贝叶斯方法的马尔可夫随机场、吉布斯采样、最大后验估计、图模型等方法也在相关研究中大放异彩。

## 1.5 类推学派

对于类推学派来说，学习的关键就是寻找事物之间的相似性。通过对数据相似性的挖掘，可以将已知数据的属性类推出未知数据的属性。比如要定义一张图片是什么类别，类推学派认为从数据库中找出与之特征最相近的一张图片，就可以进行判断。类推学派最为知名的算法是最近邻算法和支持向量机。

k-最近邻算法是最近邻算法的延伸。其核心思想颇有些“近朱者赤，近墨者黑”的意味。如图 0-1-9 所示，当蓝色圆点作为一个新的数据加入后，它是鹿还是羊呢？运用 k-最近邻算法，可以以一定的半径画个圈，如果这个圈里羊的数量比鹿多，那么蓝色圆点就属于羊这一类。

图 0-1-9 k-最近邻算法中蓝色圆点的归类问题

1963年，俄罗斯数学家弗拉基米尔·万普尼克(Vladimir Naumovich Vapnik)首次提出了支持向量机，当时的支持向量机还是一个线性分类器，到了1992年，万普尼克又改进了他的算法，创建了非线性分类器。支持向量机的思想是最大化不同类别数据之间的间隔距离。由于其优异的分类性能与简洁明了的数学形式，在过去二十年，支持向量机一直是机器学习领域的"明星算法"。

## 2. 初探：什么是机器学习？

近年来随着AlphaGo战胜李世石，"人工智能""机器学习""神经网络"等词语频繁出现在人们的视线中。一直以来，让机器获得智能是人类孜孜不倦所追求的目标,而机器学习则是实现这一目标的“倚天长剑”。

## 2.1 机器学习算法

在计算机科学领域,传统意义上的“算法”在大多数时候可以等同于一系列指令。这些指令必须是精确的,确保计算机在“听到”指令的同时不会有任何的疑虑,如图 0-2-1 所示。在梳理清楚算法逻辑之后,算法本身需要用计算机能理解的语言来表达,如在本书第 1 章中马上就会学到的 Python 语言。

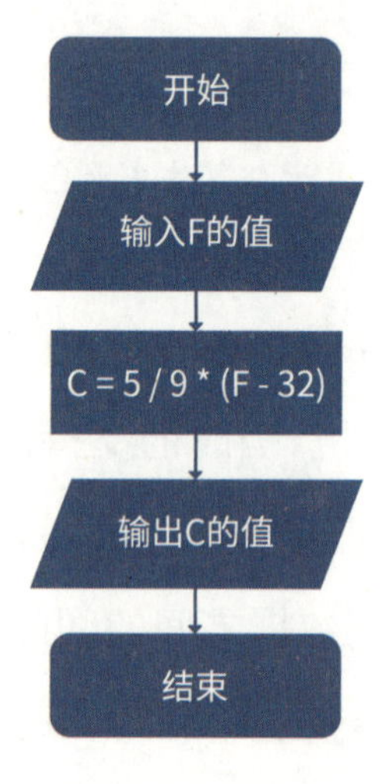


图 0-2-1　简单数学运算的算法流程图

常见的普通算法,其执行过程往往是先将数据输入计算机,再按照算法一步一步执行,最终输出一个结果。然而,不是所有解决问题的过程都能被一步一步定义清楚的。举个例子,我们能辨认汉字、能识别人脸,但是却很难用清晰、准确的步骤描述这些是怎么做到的。既然描述不出来,自然无法教会计算机。机器学习算法则能很好地解决这一困境:只要给它足够多的数据,机器学习算法就像一个天赋异禀的少年,可以自行得出中间的算法过程。

机器学习算法的神奇，大家在后面的章节学习中能时常体会到。总体来说，学习算法有几个共同的特点。首先是与数据的关系，即向学习算法提供的数据越多，它能学到的算法越优秀。这与常说的“读书破万卷，下笔如有神”是类似的道理。其次，机器学习具有巨大的潜能，可以学习很复杂的算法，使不可能成为可能。例如，目前广泛应用的人工神经网络就是一种优秀的学习算法。

机器学习有很多不同的方向，如模式识别、自适应系统、数据挖掘，等等。而常被提及的“人工智能”，一定程度上算是机器学习的母领域。毕竟，人工智能的目标是教会计算机掌握人类所拥有的、甚至不能拥有的技能；而机器学习则是人工智能的核心——不断学习，才能不断进步，这个道理对于计算机也是适用的。

## 2.2 机器学习的三类典型问题

在这里简单介绍一下机器学习中的三类典型问题，分别是监督学习、无监督学习和强化学习。

监督学习，顾名思义，在提供数据时，不但要提供输入数据本身，还要提供这些数据的标签——也就是期望的输出。举个例子，假如现在有一千张学生照片，目标是希望学习算法能学会分辨这些照片上学生的性别。此时需要提前给每一张照片打上“男”或者“女”的标签，再把这样带标签的照片拿给机器，让机器进行学习。

无监督学习，就是用没有标签的数据进行学习。最经典的无监督学习算法就是聚类算法。假如现在有一千张不带性别标签的学生照片，目标依旧是希望机器能学会分清哪些是男生的照片、哪些是女生的照片。对于这个任务，机器会对每一张照片提取特征，并将这些特征分成两类。机器虽不理解性别的概念，但在聚出的两种类别的照片里，一类几乎都是女生，另一类几乎都是男生。所以从一定意义上来说，机器也学会了分辨性别。

图 0-2-2　监督学习与无监督学习

强化学习，是在给定数据下通过最大化回报和收益，来习得一定的技能。强化学习是一个动态的学习过程，没有具体的目标。只要奖励函数设定得合理，强化学习一定是“精进不休”的好学生。

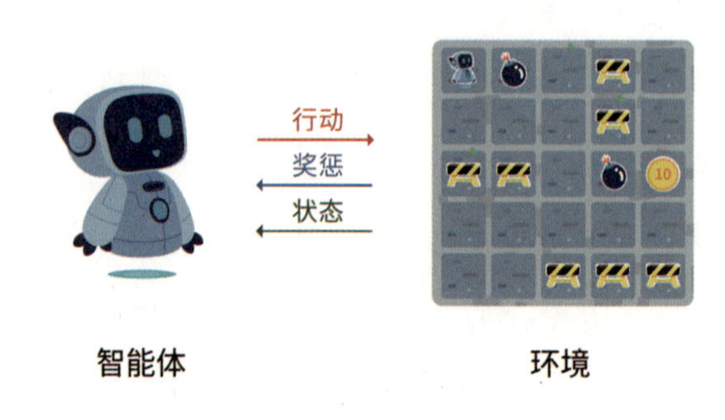


图 0-2-3　强化学习

值得注意的是，目前应用最广泛、效果最显著的是各类监督学习的算法。但是监督学习需要标签，对数据的要求程度更高。所以在未来，无监督学习和强化学习的潜力也不容小觑。

# 3. 应用：人工智能无处不在

“随风潜入夜，润物细无声”，不知不觉间，人工智能技术已经渗透到人们的日常学习、工作和生活中，甚至给很多领域带来了深刻的变革。下面将简单介绍几个方面的应用，展现人工智能的风貌。

## 3.1 人工智能与日常生活

目前，在每天的日常生活中，人工智能的应用处处可见。早晨，当你睁眼拿起手机并用人脸解锁功能打开手机时，你就已经在享受人工智能带来的便利了；网络购物时，购物软件会根据过往的购买记录进行商品推荐；爸爸开车送你上学时，可以呼叫智能语音助手来查询路线、规避拥堵；你到达学校以后，便捷的人脸识别打卡系统扮演着敬业的“考勤员”；当你深夜回家时，严密布控的智能安防系统时刻保障着你的人身安全。可以预见，在未来的生活中，人工智能一定会带来更多的便捷，比如现在较受追捧的智能家

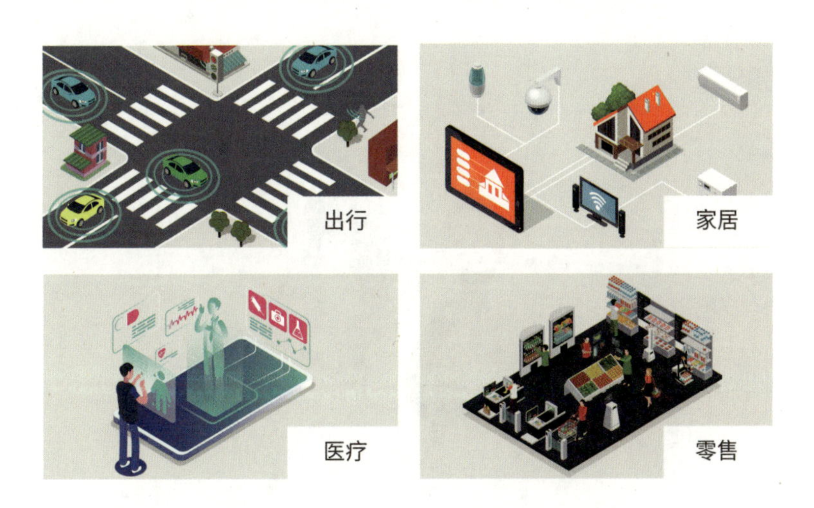


图 0-3-1 人工智能改变衣食住行的方方面面

居。可以想象一下，如果家中的各种家电，包括冰箱、洗衣机、燃气灶、电视等，都能被智能系统统一管控，并且可以与人轻松交互，那么生活将会多么便利！

## 3.2 人工智能与医疗

随着生活水平提高，人们对于自身的健康问题越来越关注，同时，人口老龄化的趋势也对基础医疗体系提出了新的挑战。这一切都迫切地需要医疗水平的快速进步。人工智能技术的不断发展，可以为医疗领域持续赋能。下面将简单介绍几个人工智能在医疗领域的应用。

（1）健康管理

通过人工智能技术，人们可以更好地管理自己的健康状态。各种智能可穿戴设备可以采集和分析身体状况方面的信息，并通过智能算法提供病情分析，给出饮食、作息上的指导。此外，在心理与精神健康方面，人工智能也能通过对患者表情、语音的分析，评估人的情绪水平。人工智能对于一些病症的早期检出也“很有一套”。例如，人工智能算法可以根据语音模式和

图0-3-2　人工智能健康管理

声音来诊断阿尔茨海默氏病，准确率目前能达到 81.55%[①]，并且还在不断提高。

(2) 影像诊断

“模式识别”是人工智能算法的拿手绝活之一。智能的识别算法可以敏锐地找出 X 光片中的病灶，给出相应的病症推断。用人工智能影像识别技术辅助医生诊断，可以大大降低误检率，并且减轻医生的工作负担。由于医疗影像数据较多且容易获得，影像诊断也成为了人工智能在医学领域发展最快的应用场景。

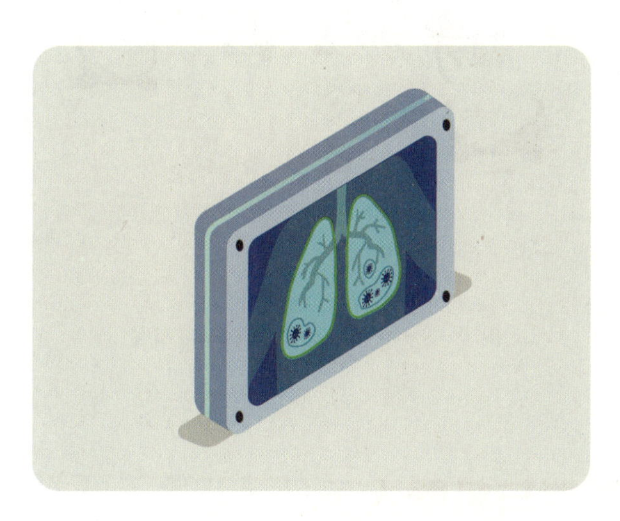

图 0-3-3 模式识别辅助医疗影像诊断

(3) 药品研发

新药物的研发，一直是一个研发周期长、风险大、需要大量资金支持的过程。人工智能的引入，大大提高了药物研发的效率和成功率。例如，在研发前期对化合物分子结构进行筛选时，可能要筛选几百万种候选化合物，如果人工排除，则会非常耗时。在 2015 年，美国硅谷的一家公司使用人工智能技术，在不到一天的时间里就从八百多万种候选化合物中成功寻找出能

① 李诗语，王峰，曹彬，梅琪. 人工智能在神经医学中的应用综述[J]. 计算机科学，2017，44(S2)：29-32+50.

控制埃博拉病毒的两种候选药物。此外，人工智能算法还能有效发掘疾病与药物之间不易察觉的隐含联系，助力药物研发。在药物研发成功之后，还可以利用人工智能技术对药物疗效进行预测、挖掘新的药物适应症等。

图 0-3-4　人工智能与药品研发

## 3.3　人工智能与机器人

当你在网上超市选好心仪的商品等待送达时，这期间会发生些什么呢？搭载路径规划、自主避障的机器人车辆可能在仓库中自如穿梭，从货架上取下你购买的商品，再飞奔向装箱打包的地点，由搭载视觉识别的智能机械臂，将你选购的商品打包装箱，交到快递员的手中。

当你坐在家里吃着新鲜的水果时，也许面前摆放着的苹果或者草莓，正是由机器人采摘下来的。当前，搭载着摄像机的机器人，已经能够判断一个水果的成熟程度，并且利用自带的机械夹爪，将新鲜的水果采摘下来。

图0-3-5 人工智能与机器人

以上两个例子，都是关于工业机器人的。按照应用领域的不同，机器人一般被分为两类：工业机器人和服务机器人。目前，工业机器人的应用非常广泛，应用于汽车、电子、纺织等行业，其应用领域还在不断拓展。对比之下，服务机器人还处于起步阶段。服务机器人可以细分为两类：专业服务机器人和个人/家用服务机器人。专业服务机器人针对的是特定的专业领域（农业、医疗、军事等），例如农业机器人可以执行灌溉、收割等任务，减轻农民伯伯的负担。个人/家用机器人主要应用于家务、看护、娱乐等方面，如扫地机器人、教育机器人等。

整体来看，智能机器人领域的发展势头十分良好，应用场景也日渐趋于成熟。相信在不久的将来，大家将看到智能程度更高、运行状况高度稳定的新一代机器人。也许在那个时候，科幻电影里的场景将会照进现实。

# 4. 讨论与展望：人工智能的未来

通过前面的介绍，相信大家对人工智能的“前世”和“今生”已经有了一定的了解。许多人认为，我们正站在变革的边缘，如图 0－4－1 所示，人类可能站在一个即将迎来爆炸式发展的时间节点上，而引领这一变革的或许就是人工智能，这次变革和人类的出现一样意义重大。

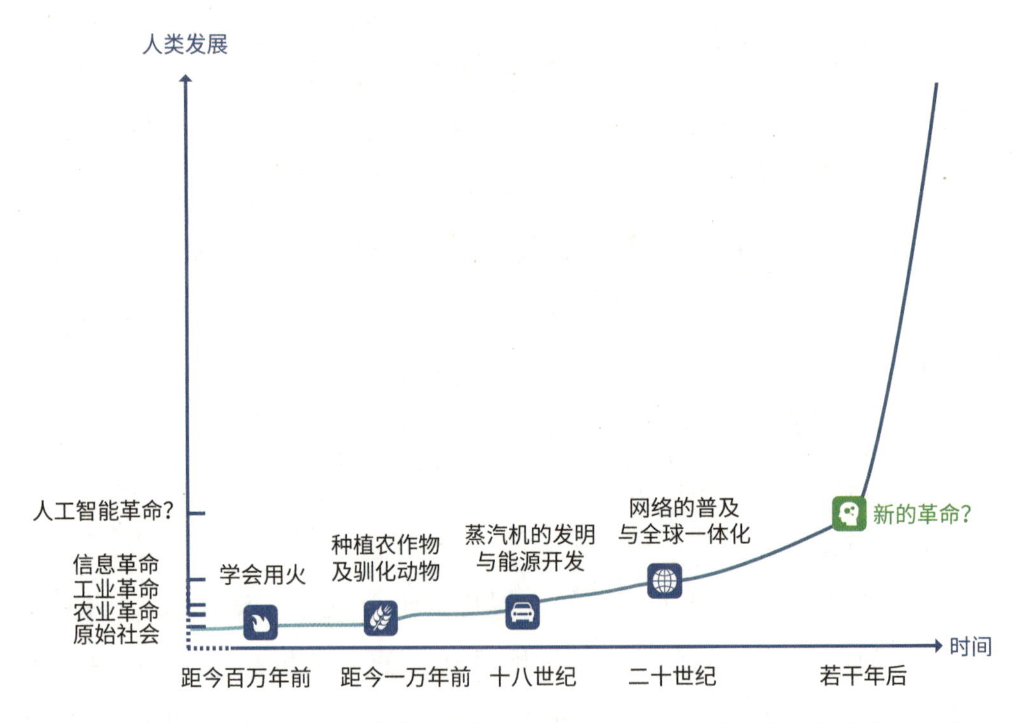


图 0－4－1　人类正站在变革的边缘（横坐标为时间，纵坐标为人类社会发展的程度）

当沿着时间轴回望过去，在 1870 年之前，人类的夜晚还没有电灯来点亮；在 1946 年之前，计算机还是一个并不存在的物品。人工智能仅仅用了数十年的时间就取得了诸多瞩目的成果，并在过去短短几年内深刻地改变着人们的生活。站在当前的时间节点展望未来，我们将会目睹怎样的颠覆与创新呢？人类社会又将会面临怎样的问题呢？在这一节里，希望大家“天马行空”，一起讨论人工智能带来的机遇与挑战，畅想人工智能的未来！

## 4.1 深度神经网络是终点吗？

当前人工智能的快速发展，和近年来深度神经网络的兴起密不可分。几代科学家通过不懈努力，解决了神经网络在学习、训练等过程中的诸多问题，使得深度神经网络在许多领域大放异彩，并能真正落地到实际应用中。例如，运用了深度神经网络的人脸识别技术，经过大规模数据训练后，其识别人脸的准确率已远远甩开人类。在语音识别、自然语言处理等领域，应用深度神经网络算法后，任务完成的准确率也远远超过传统算法的准确率。那么，深度神经网络就是人工智能发展的终点了吗？

不出意外，答案应该是否定的，深度神经网络仅仅是联结学派学者对人脑神经元工作机制模拟的产物。事实上，每一个学派的代表算法，都有其优点、也有其局限性，神经网络也不例外。例如：神经网络缺乏可解释性，无法把从来不放在一起的信息组合在一起，而这正是符号学派擅长的；神经网络很容易陷入局部最优，而贝叶斯学派则主张学习算法要寻找全局最优；对于不同领域的不同任务，采用深度神经网络的方法都需要训练一个新网络。那么，是否存在一个能将前面各种学派的思想结合、并能通用地解决大量问题的学习算法呢？这种学习算法能产生一个像人类一样聪明的人工智能体吗？这种算法会复杂到什么程度，会有百万千万行代码，还是只有短短几十行？这些问题，就留给同学们思考。希望大家在探索人工智能算法的道路上，不断创新，永不知足。

## 4.2 未来世界会是什么样呢？

从前，科幻电影里的许多桥段着实是“天方夜谭”。现在，人工智能的高速发展，给了人们做梦的勇气。事实上，前面提到的绝大部分人工智能的应用，如智能推荐、人脸识别等，本质上都是“弱人工智能”。

弱人工智能是仅在某一特定的方面表现突出的人工智能，比如会下棋的人工智能并不能识别人脸。此外还有强人工智能与超人工智能的概念。强人工智能是指人类级别的人工智能。现在人类基本已经掌握和使用了弱人工智能，可是距离真正的强人工智能还是“路漫漫其修远兮”，而超人工智能，即各方面都远远超过人类的人工智能，就更像是一个遥远的传说了。

请大家大胆想象——假设穿越到有“超人工智能”的未来，乐观地想，那时候的世界会是什么样子呢？也许人类面临的一切问题都将迎刃而解，超人工智能会帮你搞定一切。车辆过多，交通拥堵？超人工智能也许早已发明出了比汽车更便捷的交通工具。人口爆炸，粮食短缺？超人工智能也许有能力运用分子技术，将垃圾直接变成食物。突然生病，病症棘手？不要担心，也许到那时，像癌症这种不治之症，也早已被超人工智能攻克。寿命将近，垂垂老矣？超人工智能也许可以发明各种细胞和器官的替代品，人类的寿命也就会得到无限的延长。

那么问题来了，一切真的如预想的这般美好吗？一个如此万能的人工智能，会甘心为人类服务吗？一部分对人工智能持消极观点的人认为，高度发展的人工智能，也许会成为人类社会最大的威胁。假如在智能等级的线轴上，人类和猩猩的差别是两级；那么想象一下，一个智商比人类高出两级的人工智能看待人类，是否就像人类看待猩猩一样呢？假如有一个智商比人类高出几十级、上百级的人工智能，那它对人类来说意味着什么呢？也许人类会变成人工智能的奴隶，永远无法翻身；也许人类会成为人工智能饲养的动物，失去了自由和思想；更有甚者，也许人类会被机器人赶尽杀绝，从此灭绝。

图 0－4－2　生物智能与超人工智能

虽然这些假设有些危言耸听，听起来像是科幻故事、天方夜谭。但是就目前来看，聪明能干的人工智能给很多的工作岗位带来了更加高效的工作方式，例如，智能化工业生产线、自动驾驶、无人超市等。新的与智能协同的工作方式，对从事相关工作的人也提出了新的技能要求。新的岗位也会随着科学技术的发展而诞生，人工智能的高速发展会使从事相关工作的人才需求激增，如人工智能算法的研究者、智能系统的设计者与维护者等。

## 4.3　让人性之光照进科技

《银翼杀手》《西部世界》《银河帝国：基地》《超新星纪元》等优秀的东西方科幻作品长期在探讨一个核心问题：人类是被命运（或算法）安排好的演员，还是依靠自由意志改变未来的主导者？正如埃隆·马斯克（Elon Musk）所言，假如人类只是虚拟世界中的模拟程序，那我们会按照预设算法每日运转，时间只是错觉，一切未来皆被设定；而如果不是，当我们拥有自由意志时，是通过自己的技术能力让现实世界变得更美好还是更糟糕，这是我们掌握人工智能强大工具后必然面临的选择。

这个必然面临的选择背后就是人工智能伦理与治理问题。我国对人工智能伦理与治理问题向来重视，近年来颁布了诸多重要的文件，包括 2021

年 9 月 25 日国家新一代人工智能治理专业委员会发布的《新一代人工智能伦理规范》（以下简称《伦理规范》）和 2022 年 3 月中共中央办公厅、国务院办公厅印发的《关于加强科技伦理治理的意见》。

《伦理规范》旨在将伦理道德融入人工智能全生命周期，为从事人工智能相关活动的自然人、法人和其他相关机构等提供伦理指引。《伦理规范》提出了增进人类福祉、促进公平公正、保护隐私安全、确保可控可信、强化责任担当、提升伦理素养 6 项基本伦理要求。同时，提出人工智能管理、研发、供应、使用等特定活动的 18 项具体伦理要求。具体来看，《伦理规范》对隐私保护与数据安全进行了详细的阐述，同时对算法偏见等技术伦理问题也给予了关注。

《关于加强科技伦理治理的意见》是我国首个国家层面的科技伦理治理指导性文件，意见中不仅提出了“伦理先行、依法依规、敏捷治理、立足国情、开放合作”的科技伦理治理要求，更明确了“增进人类福祉、尊重生命权利、坚持公平公正、合理控制风险、保持公开透明”的科技伦理原则。值得注意的是，此次印发的意见提出，“研究内容涉及科技伦理敏感领域的，应设立科技伦理（审查）委员会”“重点加强生命科学、医学、人工智能等领域的科技伦理立法研究”“严肃查处科技伦理违法违规行为”，可见人工智能伦理问题的重要程度。

在国家政策的基础上，我们提出了平衡发展的人工智能伦理观（如图 0－4－3 所示）和人工智能可持续发展模型（如图 0－4－4 所示）。

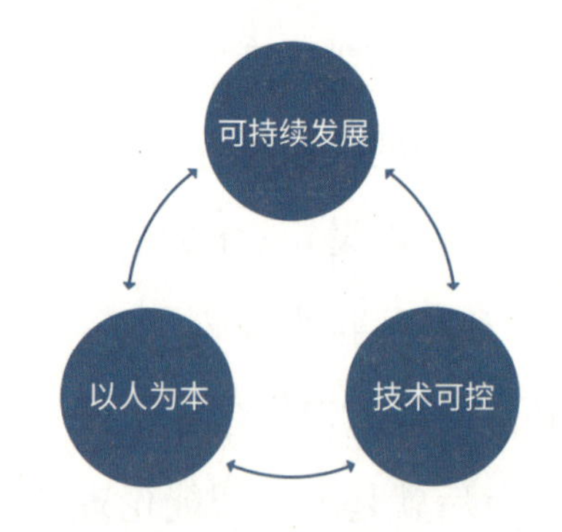


图 0－4－3　平衡发展的人工智能伦理观

图 0-4-4　人工智能可持续发展模型

从人类福祉出发,平衡发展的人工智能伦理观为人工智能时代搭建起了与时代同步的,以可持续发展、以人为本、技术可控为支柱的新伦理范式。可持续发展主要聚焦促进社会的经济、文化及环境的可持续发展,促进开放及包容的合作,积极探索创新及可持续的人工智能治理模式的应用。以人为本主要聚焦追求不同文化之间的道德共识,尊重、包容、平衡全球不同国家地区的历史、文化、社会、经济等方面的发展差异,强调人权、隐私保护及偏见的去除。技术可控主要聚焦提升大众对人工智能技术裨益及潜在风险的认知,遵守相关司法管辖区的适用法律及法规。

人工智能伦理、人工智能惠民、人工智能产业融合、人工智能可信任科研正日渐成为人类回答人工智能改变世界的原则与实践方向,并对平衡发展的人工智能伦理观起到支撑作用,具体内容如表 0-4-1 所示。

表 0-4-1　人工智能可持续发展模型中的人工智能发展原则

| 发展原则 | 详 细 内 容 |
| --- | --- |
| 人工智能<br>伦理原则 | (1) 人工智能技术应“遵守法律、行政法规”。<br>(2) 人工智能技术应“尊重社会伦理、文化公德”。<br>(3) 人工智能技术应“确保 AI 使用目的为善意”。 |
| 人工智能<br>惠民原则 | (1) 人工智能技术应“以普惠利他为初衷”。<br>(2) 人工智能技术应“以建立和谐社会为目标”。<br>(3) 人工智能技术应“以科普众创为方法”。 |
| 人工智能<br>产业融合原则 | (1) 人工智能技术应“保护数据主体利益，数据收集公开透明”。<br>(2) 人工智能技术应确保“数据受托方对全过程负责，具有数据保护体系与应急预案机制”。<br>(3) 人工智能技术应确保“数据最小授权使用，数据去标识化展示”。 |
| 人工智能<br>可信任科研原则 | (1) 人工智能技术应“以共享包容原则推动产业合作与发展”。<br>(2) 人工智能技术应“以开放态度推动全球学术科研合作”。<br>(3) 人工智能技术应“保护知识产权与共享合作并举”。 |

当机器人被制造出来，被要求没有理由地保护和关爱人类，那么人类是否也应该给予机器人相应的尊重和爱护呢？“David is 11 years old. He weighs 60 pounds. He is 4 feet, 6 inches tall. He has brown hair. His love is real. But he is not.”这句话来自电影《人工智能》，“他的爱是真的，但是他不是”。

图 0-4-5　机器智慧与机器情感

如果未来的机器人具有了和人类一样的智慧和情感，他们也应该拥有“人权”吗？如果一个人爱上了机器人，这种感情应该被认可吗？如果痛失爱子的父母选择制造出和孩子类似的机器人来陪伴自己，这种行为应该被允许吗？技术本身是理性的，没有情感的。但是当处理技术所带来的后续问题时，希望大家都能带着人性的关怀与情感的温度，以人性的光辉来引导“科技向善”。

## 结 语

不论结局如何，人工智能的发展终将是大势所趋。科技总是一把双刃剑，但却不能因为有风险就放弃探索与创新。在人工智能的浪潮一波一波翻滚而来的时候，如何跟上时代、找准自己的定位？如何抓住机遇、迎接挑战？如何规避风险、最大化收益？这些都是需要认真思考、努力解决的问题。“江山代有才人出”，人工智能发展的接力棒即将交到年轻一代的手中，希望同学们能迎头赶上，共创人工智能的美好明天！

# 第1章 编程入门

在当前这个创新的大时代，人们的生活离不开互联网和各种智能设备，数字化、信息化、智能化已经成为拉动社会发展的新动力。人工智能正是引领智能时代的新引擎，手机中的人脸识别、智能推荐、语音助理，城市中的智慧交通、自动驾驶、智能物流等都是促进时代发展的重要环节。各类智慧系统万变不离其宗，智能时代的诸多变化都离不开编程。

编程即编写程序，它能够把人的意图传递给具有逻辑算力的机器，从而利用它们强大的计算能力帮助我们解决问题，完成复杂的功能。

在本章的学习中，我们将借助 Python 语言进行程序设计，以“猜数游戏初探秘”为主题开展项目活动，掌握程序设计的基本知识，体验编程解决实际问题的具体过程。

## 主题学习项目：猜数游戏探秘

**项目目标**

猜数游戏是一个经典的数字游戏，玩家 A 随便写一个数字要求玩家 B 来猜测。每一轮猜测，玩家 A 会根据玩家 B 猜测的实际数字进行提示，告诉玩家 B“猜高了”或者“猜低了”，直至猜中答案。本章通过“猜数游戏初探秘”主题项目，探讨如何使用计算机完成猜数游戏，以及游戏背后的程序逻辑和实现方式。

1. 观察“猜数游戏”程序代码，初步认识编程语言。

2. 掌握 Python 语言的基本知识与程序的基本结构，能编写程序解决简单任务，丰富“猜数游戏”的功能。

3. 通过分析任务、解决任务的过程，掌握程序设计与实现的基本方法，并能进行知识迁移，解决其他问题。

**项目准备**

为完成项目，需要做如下准备：

1. 寻找一名同伴，在学习的过程中通过互助合作，设计程序完成任务。

2. 尝试进行猜数游戏，理解猜数游戏的逻辑。

3. 为“猜数游戏初探秘”主题内容学习准备实验环境。

**项目过程**

在学习本章内容的同时开展项目活动。为了保证项目顺利完成，要在以下各阶段检查项目进度：

1. 观察“猜数游戏”程序，尝试改写代码并记录不同的程序。

2. 确定游戏程序中变量与表达式的作用，尝试新增变量，补充功能。

3. 找到游戏程序中的分支结构，尝试完成“猜字母”功能。

4. 找到游戏程序中的循环结构，尝试新增列表类型，扩充游戏功能。

5. 尝试为游戏编写一个质数判断函数，对游戏进行升级。

6. 结合面向对象的程序设计思想，提出完善程序结构的方法并交流。

**项目总结**

完成“猜数游戏初探秘”项目系列任务，针对完善的游戏进行交流与评价。初步掌握 Python 的基本知识和程序编写方法，能够使用 Python 编写程序解决简单的问题，初步形成信息意识与计算思维。

# 1.1　Python 语言简介

## 学习目标

- 知道 Python 语言的优点，并能够列举；
- 初步体验 Python 程序，能够编写和执行简单的 Python 程序。

## 体验与探索

使用 Python 语言可以编写各种程序，比如网站、游戏等。“猜数游戏”是一个简单常玩的小游戏，铭铭同学初中时经常在课间与同桌玩。该游戏的规则是：写下一个数字让对方猜，每次猜完后对猜测的结果进行提示，提示“猜高了”“猜低了”或“猜对了”，如图 1－1－1 所示。

图 1－1－1　猜数游戏

**思考**　1. 针对上面的游戏情境，你认为“猜数游戏”的 Python 程序应该具备什么功能？

2. 试分析游戏，在什么状态下，可以判定一局游戏结束？

### 1.1.1 初识 Python

现有一段实现“猜数游戏”基本功能的 Python 程序，它能够在 1—100 之间随机生成一个数字。玩家对数字进行猜测，程序会告诉你猜测的结果“猜高了”“猜低了”或者“猜对了”，代码清单 1-1-1 展示了这段 Python 程序。

代码清单 1-1-1　“猜数游戏”Python 程序

```
import random
def caishu():
    num = random.randint(1,100)
    count = 0
    print("系统将在1-100之间随机生成一个整数，以最少的次数将其猜中吧!")

    while True:
        guess = int(input("请输入一个整数："))
        count += 1
        if num == guess:
            print("恭喜您，猜对了！")
            break
        if num < guess:
            print("您猜高了，再猜一次吧！")
        if num > guess:
            print("您猜低了，再猜一次吧！")
    print("您一共猜了%d次" % (count))

if __name__ == '__main__':
    caishu()
```

这段游戏程序对于初学者来说，难以读懂。这段代码中涉及了许多 Python 编程语言的基本知识点，这些强大有趣的功能会在后续的学习中陆续登场。这段程序每一行的含义是什么呢？代码清单 1-1-2 中为猜数游戏的每行程序添加了注释，具体如下。

代码清单 1－1－2　“猜数游戏”Python 程序注释

```
import random  # 导入random模块
def caishu():  # 定义函数
    num = random.randint(1,100)  # 在1-100间随机生成一个整数，保存在num变量中
    count = 0   # 记录猜数次数计数器，初值为0
    print("系统将在1-100之间随机生成一个整数，以最少的次数将其猜中吧！") # 打印提示语

    while True:  # 循环结构
        guess = int(input("请输入一个整数：")) # 输入猜的数，保存在guess变量中
        count += 1   # 猜数次数加1
        if num == guess:   # 当输入猜的数与生成的数相等时
            print("恭喜您，猜对了！")    # 打印输出提示语：“恭喜您，猜对了！”
            break     # 终止循环
        if num < guess:    # 当输入猜的数大于生成的数时
            print("您猜高了，再猜一次吧！") # 打印输出提示语：“您猜高了，再猜一次吧！”
        if num > guess:    # 当输入猜的数小于生成的数时
            print("您猜低了，再猜一次吧！")  # 打印输出提示语：“您猜低了，再猜一次吧！”
    print("您一共猜了%d次" % (count))  # 打印输出本轮游戏猜的次数

if __name__ == '__main__':  # 控制执行代码
    caishu()   # 调用需要执行的函数
```

这段程序中包含打印、变量、赋值、循环、函数、模块等名词，它们都将成为你最熟悉的好朋友，现在就带着对它们模糊的印象开始一段 Python 之旅吧！

**实践活动**

**体验“猜数游戏”**

“猜数游戏”是曾经风靡课间的小游戏，两个同学一人随机写下一个数字，另一人进行猜测。数字猜高或者猜低都会得到提示，直至猜对。这个小游戏如何转化为计算机游戏呢？

阅读代码清单 1－1－2 中的注释，初步了解每一行代码的基本含义（“# ”后面的文字就是每行代码的注释）。

1. 尝试运行“猜数游戏”程序，体验“猜数游戏”的功能；

2. 观察每一轮游戏的提示，思考人与机器之间是如何进行“交流”的。

### 1.1.2 Python 语言的优点

Python 诞生于 1991 年。目前，很多大型网站都有 Python 的身影，比如国内的豆瓣、知乎，国外的 Youtube、Instagram 等；此外，很多人工智能框架都支持 Python 作为主要的编程语言，比如 Pytorch、Tensorflow 等。随着 30 多年的发展，Python 已经成为最受欢迎的高级程序语言之一，并被广泛应用于各个领域的软件系统开发，比如网站开发、游戏开发、人工智能应用等，如图 1-1-2 所示。

图 1-1-2　Python 应用领域

Python 之所以会如此受欢迎，主要是因为它有以下优点：

(1) 简洁。Python 程序简单易懂，相比于其他编程语言，同样的功能，Python 需要编写的代码相对更少。同时代码的可读性非常高，初学者能够很快入门。有人甚至说："阅读一份编写良好的 Python 代码，感觉就像在阅读一篇英语文章一样"。

(2) 开发效率高。Python 是一种解释性语言，具有"立即修改，立即生效"的特点，可以方便地输出调试信息，大大提升了编程体验和开发效率。

(3) 可拓展性强。Python 可以很好地集成其他语言的组件。比如某段关键代码使用 C 语言编写，此时使用 Python 提供的接口可以直接调用这段代码。

总而言之，Python 是一门简约又强大的语言，拥有一套极易入门的语法体系，又能够高效地解决生活中的各种问题。学好 Python 也将为后续章节学习人工智能项目提供帮助。

阅读拓展

### Python 语言的前世今生

1989 年圣诞节，在阿姆斯特丹一个叫吉多・范罗苏姆（Guido van Rossum）的荷兰程序员为了打发无聊的圣诞假期，突然决定开发一种全新的编程语言。他希望这种语言能介于 C 语言和 Shell 语言（UNIX 操作系统的命令语言）之间，功能全面，简单易用，同时具有非常高的拓展性。由于吉多是英国著名的戏剧团体“Monty Python”的粉丝，所以他给这种语言取名“Python”。就这样，Python 在吉多的手中诞生了。

1991 年，第一个 Python 编译器完成，宣告 Python 语言正式诞生。

1994 年，Python 1.0 版本发布。

2000 年，Python 2.0 版本发布，现在使用的 Python 语言框架基本完成。

2008 年，Python 3.0 版本发布。在 3.0 的版本中，Python 语言做了重大的升级。此时开始，Python 2 和 Python 3 一直在争议中共存。

2018 年，Python 官方宣布从 2020 年开始终止对 Python 2.x 的支持。这代表着 Python 2.x 即将退出历史舞台。本书中所有的代码都将遵循 Python 3 的规则编写。

阅读拓展

### 计算机语言与高级编程语言

计算机语言是指用于人和机器（包括计算机、手机等）通信的语言。它是人与机器通信的媒介。计算机中的各种应用程序，均是使用计算机语言编写的。随着计算机产业的发展，到目前为止，总共出现了三代计算机语言，分别是机器语言、汇编语言和高级语言，如图 1－1－3 所示。

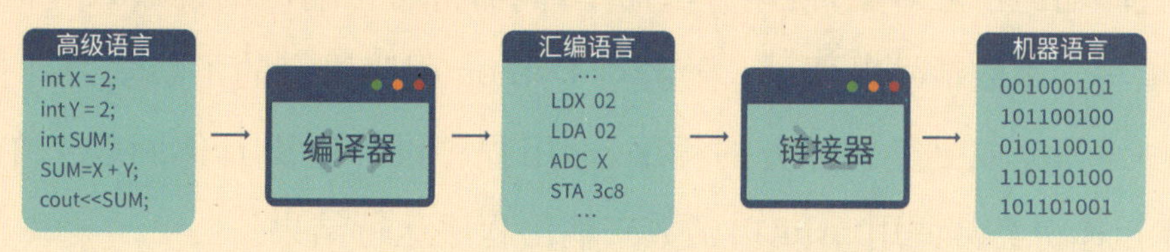


图 1－1－3　三代计算机语言之间的关系

众所周知，计算机由逻辑电路组成。逻辑电路只有两个状态，即开关的接通与断开。这两种状态可以使用二进制“0”和“1”表示。早期程序设计使用的机器语言就是二进制指令。机器语言是用二进制指令表示的计算机能直接识别和执行的一种机器指令的集合。这种指令集，称机器码，是电脑的CPU可直接解读的数据。

后来，为了改进机器语言的可读性，提高编程效率，诞生了第二代计算机语言，即汇编语言。汇编语言使用英文缩写词、字母和数字等符号来取代机器语言中的二进制指令。汇编语言是一种用助记符表示的，仍然面向机器的计算机语言。

不论是机器语言还是汇编语言都是面向机器硬件的。语言对机器的过分依赖，要求使用者必须对硬件结构及其工作原理十分熟悉，这对非计算机专业人员是难以做到的，对于计算机的推广应用极为不利。

于是人们希望能设计出一种不依赖于计算机硬件，与人类自然语言相接近且能为计算机所接受的计算机语言。简单来说就是语意确定、规则明确、自然直观和通用易学的计算机语言，这就是高级语言。高级语言是面向用户的语言。无论何种机型的计算机，只要配备上该高级语言的编译或解释程序，使用该语言编写的程序就可以通用。常见的高级语言包括 C 语言、C++ 、Python、Java 等。

### 1.1.3　你的第一个 Python 程序

学习一门新编程语言时，常常将“在屏幕上打印输出‘Hello world’”作为第一个程序，这已经成为程序员世界的经典问候语。该任务需要做的事情是利用程序语言，在屏幕上的结果显示区域显示“Hello world”。

Python 中用于在屏幕上打印输出的函数是 print()函数。使用该函数可以打印输出任意对象，使用方法简单，只需将希望输出的话放入一对引号中并填写到函数括号里即可。随着对 Python 程序语言的不断学习，同学们将能够编写完成更复杂任务的程序，运用程序设计解决具体问题。在编写程序时，你将经常调用 print()函数来输出程序运行结果。

实践活动

### 编写第一个 Python 程序

“猜数游戏”的程序中，多次使用了“print( )”函数。该函数可以将任意结果打印在屏幕上，是实现人机交互的最简单窗口。

1. 尝试编写你的第一个 Python 程序，在屏幕上输出“Hello world”；
2. 发挥你的想象力，使用“print( )”函数，输出更多其他内容。

项目实施

### 修改“猜数游戏”的猜数范围

#### 一、项目活动

1. 运行“猜数游戏”程序，体验功能并对这段程序进行改写，将待猜测数字的范围由“1—100”改为“1—1 000”；
2. 尝试让这段程序的交互更加人性化，当程序发出提示信息时，加入你的名字，比如当猜测的数过高时，将提示信息由“您猜高了，再猜一次吧！”改为“Hello，Mingming，您猜高了，再猜一次吧！”。

#### 二、项目检查

改写程序，完成相关任务，保障程序能够稳定运行，根据注释将“猜数游戏”的程序代码中暂时不懂的内容记录在表格中。

| 不懂的代码记录 | | |
|---|---|---|
| 程序行号 | 简单记录 | 是否已学习 |
| 第_____行 | | |
| 第_____行 | | |
| 第_____行 | | |

**练习与提升**

1. 简单说说 Python 语言的优点有哪些;
2. 简单说说学习并运行 Python 程序后的收获;
3. 编写一段代码，实现如下功能：打印输出“我在学习 Python 编写猜数游戏”。

# 1.2 Python 语言基本知识

**学习目标**

- 理解变量、常量和赋值操作，并能合理命名变量完成赋值；
- 掌握基本数字类型，能够列举数字类型的种类；
- 掌握常用运算符的使用方法，并能灵活使用。

**体验与探索**

铭铭同学尝试并运行“猜数游戏”程序后，开始了深入的思考。铭铭发现通过程序，计算机代替了一个人类玩家角色，实现了随机生成待猜数字的功能，同时程序还能对每轮的猜测结果进行提示。代码清单 1-1-1 中的程序具备输入数据、处理数据、输出数据的功能。为了保障程序能够处理数据，程序需要“记忆”随机生成的数字与每轮猜测的数字。

**思考** 1. 在程序片段中，存储随机数字和存储每轮猜测数字的分别是什么?

2. 这个程序片段是如何对程序进行处理的?

### 1.2.1 变量与常量

猜数游戏的程序中，出现了很多数字，包括需要待猜数字 num、每轮猜测的数字 guess 和猜数次数 count，且 num、guess、count 代表的数值都会变化。这种在程序运行过程中，其值可以改变的量，通常称为变量。类似于 num、guess、count 等代表变量的符号，称为变量名。

在猜数游戏中，被猜的数是一个变量，它的变量名为 num。可以把变量理解成一个“箱子”，“箱子”会占一定空间，可以用来“储物”。为每个箱子打上“标签(即箱子名)”，就能通过箱子名快速找到箱子。箱子中可以存放任意想要存放的东西，如图 1-2-1 所示，同理变量也可以存放任意类型的值。

图 1-2-1 箱子与变量

实际上，在 Python 中，变量第一次被赋值时，会在内存中申请一块空间专门用来存放变量值。变量名相当于被分配内存空间的“门牌号”(箱子名)，应用变量名就能找到这块内存空间存放的值。变量中存放的值，是可以变化的，如同箱子里的物品可以变换一样。猜数游戏中的 count 变量，用于记录猜数的次数，每次猜测，变量 count 的值就要加 1。

变量由三部分构成，分别是变量名、赋值符号和变量值。变量名相当于“箱子”的“标签”，日常储物时，为了便于寻找，“箱子”上的“标签”可读性要强，通常能直接代表箱子内的物体。同样，在计算机程序设计时，为了增强程序可读性，也要为程序中的变量起一个便于识别的名字。同时，变量名的选取并不是完全随意的，每种计算机语言都有相应的变量命名规则，Python

的命名规则如下：

（1）变量名只能由字母、数字和下划线组成。例如：abc、abc_123、_abc是合法的变量名，&123、(abc)则是不合法的变量名。

（2）变量名必须以字母或者下划线开头。例如：abc1 是合法的，1abc 是不合法的。

（3）变量名区分字母大小写。例如：abc 和 Abc 是两个不同的变量。

（4）变量名不能使用 Python 的保留字。保留字是 Python 中约定好的有特殊用途的字符，保留字中的字符组合不能作为变量名。

与变量相对应的还有一种常量，常量是指程序运行期间不变的量。比如，编写程序计算圆的面积时会使用圆周率，圆周率是一个不会变的量，通常用常量表示。

阅读拓展

**Python 中的保留字**

Python 中的保留字可以通过如下代码进行查看：

```
import keyword
print(keyword.kwlist)
'''
# 输出结果为:
['False', 'None', 'True', 'and', 'as', 'assert', 'break', 'class',
'continue', 'def', 'del', 'elif', 'else', 'except', 'finally',
'for', 'from', 'global', 'if', 'import', 'in', 'is', 'lambda',
'nonlocal', 'not', 'or', 'pass', 'raise', 'return', 'try',
'while', 'with', 'yield']
'''
```

Python 中的保留字的含义如表 1-2-1 所示。

表 1-2-1　Python 保留字及其说明

| 序号 | 保留字 | 说　明 |
| --- | --- | --- |
| 1 | False | Python 中的布尔类型，0 |
| 2 | None | None 是 Python 中特殊的数据类型 'NoneType' |
| 3 | True | Python 中的布尔类型，1 |
| 4 | and | 用于表达式运算，逻辑与操作 |
| 5 | as | 在 import、with 或 except 语句中给对象起别名 |
| 6 | assert | 断言，用于判断变量或条件表达式的值是否为真 |
| 7 | break | 中断循环语句的执行 |
| 8 | class | 用于定义类 |
| 9 | continue | 继续执行下一次循环 |
| 10 | def | 用于定义函数或方法 |
| 11 | del | 删除变量或序列的值 |
| 12 | elif | 条件语句，与 if、else 结合使用 |
| 13 | else | 条件语句，与 if、elif 结合使用；也可用于异常和循环语句 |
| 14 | except | except 包含捕获异常后的操作代码块，与 try、finally 结合使用 |
| 15 | finally | 用于异常语句，出现异常后，始终要执行 finally 包含的代码块，与 try、except 结合使用 |
| 16 | for | for 循环语句 |
| 17 | from | 用于导入模块，与 import 结合使用 |
| 18 | global | 定义全局变量 |
| 19 | if | 条件语句，与 else、elif 结合使用 |
| 20 | import | 用于导入模块，与 from 结合使用 |
| 21 | in | 判断变量是否在序列中 |
| 22 | is | 判断变量是否为某个类的实例 |

（续表）

| 序号 | 保留字 | 说　明 |
|---|---|---|
| 23 | lambda | 定义匿名函数 |
| 24 | nonlocal | 非局部变量 |
| 25 | not | 用于表达式运算，逻辑非操作 |
| 26 | or | 用于表达式运算，逻辑或操作 |
| 27 | pass | 空的类，方法，函数的占位符 |
| 28 | raise | 异常抛出操作 |
| 29 | return | 用于从函数返回计算结果 |
| 30 | try | try 包含可能会出现异常的语句，与 except、finally 结合使用 |
| 31 | while | while 循环语句 |
| 32 | with | 简化 Python 的语句 |
| 33 | yield | 用于从函数依次返回值 |

**实践活动**

### 变量名命名判断

铭铭在仿写猜数游戏的过程中设想了一些变量名，判断这些变量命名是否符合变量命名规则。

1. guess_number;
2. secrect-number;
3. 1count。

阅读拓展

**常见的变量命名规范**

遵循命名规范，可以提高程序的可读性，方便维护程序。下面介绍几种常见的变量命名规范。

匈牙利命名法：将变量名分为两个部分。第一部分由一个或多个小写字母前缀来指示变量的类型和作用域等信息，比如用小写字母前缀 n 表示整型，b 表示布尔型等；第二部分由首字母大写的一个或多个单词来指明变量的含义或用途。

例如："bEnable"表示一个布尔型的变量，它的作用是指示某个模块是否被启用；"nLength"是一个用于表示长度的整型变量。

驼峰命名法：使用一个或者多个能指明变量含义的单词来构成一个变量名，其中第一个单词首字母小写，其余单词首字母大写。

例如：用"isListEmpty"来命名一个判断列表是否为空的布尔变量。

帕斯卡命名法：与驼峰命名法非常类似，就是把第一个单词的首字母换成大写而已，所以也被称为大驼峰命名法。

下划线命名法：所有的单词都用小写，但是会用下划线隔开各个单词。例如：用"is_list_empty"来命名一个判断列表是否为空的布尔变量。

Python 中类的命名通常使用大驼峰命名法，函数、变量、函数参数等一般使用下划线命名法。类、函数等概念都会在后面章节中一一讲到。

```
# 变量名:count 赋值符号:"=" 变量值:0
count = 0
```

这个语句创建了一个名为"count"的变量，并将数字"0"赋值给变量 count。赋值表示给变量赋予一个新的值(或者一个表达式)。在猜数游戏中，包含多次变量赋值的身影。比如，将 1—100 间随机生成的整数赋值给

num 变量；将手动输入的数赋值给 guess 变量等。

在 Python 中，每个变量在使用前都必须赋值，变量只有在首次赋值后才会被创建。因此确定变量名称后，需要对变量进行赋值。

使用"＝"可以给变量赋值。

赋值的格式如下：

变量名 ＝ 值(或表达式)

表达式中"＝"是赋值运算符，"＝"左边是变量名，"＝"右边是变量的值。Python 中的赋值运算符与数学中的等号含义不同。赋值运算符表示的是把右边的值赋给左边的变量，并没有相等的含义。

在编写具体程序时，可能会同时定义多个变量，变量的赋值形式也存在多种情况。如下展示了一些赋值的用法示例。

(1) 基本赋值。最简单的赋值方法示例如下：

```
x = 100
```

(2) 序列赋值。将变量名与变量值分别以序列形式对应排列在赋值运算符两侧时，Python 会将两者按位置一一配对，具体示例如下：

```
a, b, c = 'A', 'B', 'C'
```

上面这个赋值语句编写方法等同于下面三个语句。

```
a = 'A'
b = 'B'
c = 'C'
```

实践活动

**变量的赋值**

已知一名同学的名字为“铭铭”，性别为“男”，年龄为 16 岁，身高为 178 厘米，体重为 50 公斤。

1. 请合理设计变量名，采用“基本赋值”法完成变量的定义和赋值；
2. 请尝试用“序列赋值”的赋值方法，完成变量的定义与赋值，并打印输出。

### 1.2.2　数字类型

在猜数游戏中，为变量 num 赋的值是 1—100 之间的一个随机整数。如果随机生成的数是小数，会对游戏体验产生什么影响呢？在 Python 中整数、小数都属于数字类型。Python 支持多种数字类型，包括整型（int）、浮点型（float）、布尔型（bool）和复数类型（complex）。数字类型是 Python 的基本数据类型之一。

整型等同于数学中的整数，为一个变量 a 赋值一个整数，比如“a = 10”，这个时候变量 a 就是一个整型变量。

浮点型类似于数学中的小数，浮点型变量包含整数部分和小数部分。比如，定义变量 a 和变量 b，分别赋值“a = 10”“b = 10.0”，此时变量 a 是整型变量，变量 b 是浮点型变量。浮点型还可以用科学计数法表示，比如“3.5e+2”表示“$3.5\times10^{2}$”。

布尔型包含两个值，分别是 True 和 False，代表“真”和“假”。在代码清单 1-1-1 中就出现了布尔型的值：程序中判断变量 num 与变量 guess 是否相等，如果相等，此时的判断结果为 True，如果不等则为 False。此时变量 num 与变量 guess 是否相等的结果是一个布尔型的值。将布尔值 True 赋值给变量 a，此时变量 a 就是一个布尔型变量。

复数类型等同于数学中的复数，复数类型由实数部分和虚数部分构成，可以用 a ＋ bj 或者 complex(a，b)表示，其中“j 或 J”是 Python 中的虚数单位标识。复数的实部 a 和虚部 b 分别以一个浮点数表示，要从一个复数 z 中提取这两部分，可使用 z. real 和 z. imag。

Python 的数据类型有四种，那么如何在某段程序中间，确定某个变量的数据类型呢？Python 提供了内置函数 type()，它可以返回变量的数据类型。

### 1.2.3 运算符与表达式

在猜数游戏中，使用了“＝＝”“＜”和“＞”判断变量 num 与 guess 的关系。实质上“＝＝”“＜”和“＞”属于判断变量关系的“关系运算符”。“num ＝＝ guess”是一个关系表达式。除了上述三种关系运算符外，Python 中还有许多常用的运算符，如大家熟悉的加减乘除属于“算术运算符”，此外还有“逻辑运算符”“赋值运算符”等。

（1）算术运算符

算术运算符，主要用于数字类型的数学计算，包括了加“＋”、减“－”、乘“ * ”、除“/”、整除“//”、取余数“%”、乘方“ ** ”等。值得注意的是，除法运算默认得到的结果是浮点数，如 100/10 结果为 10. 0。如果想要在除法运算后得到的结果是整数，可以使用整除：100//10，结果为 10。或者对除法得到的结果进行强制类型转换：int(100/10)，结果为 10，其中 int()表示把结果转化为整型。

（2）关系运算符

关系运算符，主要用于判断两个变量之间的大小关系，运算结果是布尔型的值。常见的关系运算符有“＞”“＜”“＝＝”“＞＝”“＜＝”“!＝”。

（3）逻辑运算符

常见的逻辑运算符有三个：与“and”，或“or”，非“not”。它们的操作对象和输出结果，都是布尔型的值。

“A and B”的含义是：只有在 A 和 B 都是 True 的情况下为 True，否则为 False。

“A or B”的含义是：只要 A 或者 B 其中一个为 True，则结果为 True，否则为 False。

“not A”的含义是：在 A 为 True 的时候，结果为 False；在 A 为 False 的时候，结果为 True。

（4）赋值运算符

赋值运算符，主要用于为变量赋值，比如“a=10”。此外，可以将赋值和算术运算符合二为一，让代码看起来更加简洁，比如“+=”“-=”“*=”“/=”等，“a+=1”等同于“a=a+1”。

众所周知，进行数学运算时，如果一个式子中同时出现了乘法和加法，那么应该先进行乘法运算，再进行加法运算。Python 程序中的运算符也遵循一定的运算优先级，各种常见运算符的优先级由高到低排列如表 1-2-2 所示。

表 1-2-2　常见运算符优先级

| 优先级 | 运　算　符 |
| --- | --- |
| 1 | ** |
| 2 | * , / , // , % |
| 3 | + , - |
| 4 | < , > , <= , >= , == , != |
| 5 | not |
| 6 | and |
| 7 | or |

实践活动

**写出 Python 表达式及运算结果**

一元二次方程的标准式为：$ax^2+bx+c=0$，现有方程 $x^2-9x+20=0$，根据方程式和问题描述，写出对应的表达式及运算结果，完成表 1-2-3。

表 1-2-3　问题描述对应的 Python 语言表达式及运算结果

| 问题描述 | Python 语言表达式 | 运算结果 |
| --- | --- | --- |
| 一元二次方程根的判别式：$\Delta=b^2-4ac$ | | |
| 方程有两个不相等的实数根的条件：$\Delta>0$ | | |
| 方程有两个相等的实数根的条件：$\Delta=0$ | | |

项目实施

**计算游戏中猜测数字的平均值**

## 一、项目活动

在猜数游戏中，玩家猜中结果之前通常经过多轮猜测，每一轮玩家可以根据游戏提示缩小猜测范围。请修改猜数游戏程序，使程序能计算各轮猜测数字的平均数，并在游戏结束时输出。

提示：为了完成这个功能，你需要定义一个变量 sum 用于存储所猜数的和；猜数成功时调用变量 sum 与猜数次数 count，从而求得所有猜测数字的平均数。

## 二、项目检查

编写程序，实现计算猜测数字平均数的功能，保障改编后的游戏能够稳定运行。

练习与提升

1. 判断下面变量命名是否合法。

(1)xy;(2)xy666;(3)666xy;(4)_xy;(5)x$y;(6)not

2. 写出下列程序的运行结果。

```
print(5 + 4 / 2 - 1)
print(not(5 // 2 > 2.1))
print(not(3 >= 4) or (3 / 2 == 1))
```

3. 编写程序实现摄氏度转华氏度的功能：给定摄氏度 25℃，请计算并打印对应华氏度。

(提示：摄氏度 C 与华氏度 F 转换规则为：F= C × 1.8+32)

## 1.3　Python 分支结构与字符串

学习目标

- 掌握程序的分支结构，能够使用流程图和 Python 编程两种形式表示分支结构；
- 掌握 Python 字符串数据类型，能够灵活应用字符串的内置函数解决问题。

体验与探索

在玩猜数游戏的过程中，铭铭想到了英文字母，是否可以将随机生成的数字改为字母，变为猜字母游戏呢(如图 1-3-1 所示)？或者从课本词汇表中随机抽出一个单词,变成猜单词游戏?这样不但练习了编程,还在游戏中促进了英文的学习。铭铭的思绪一下子飘远了,他知道猜字母游戏的实现过程肯定比猜数字复杂,需要分类讨论更多的情况。

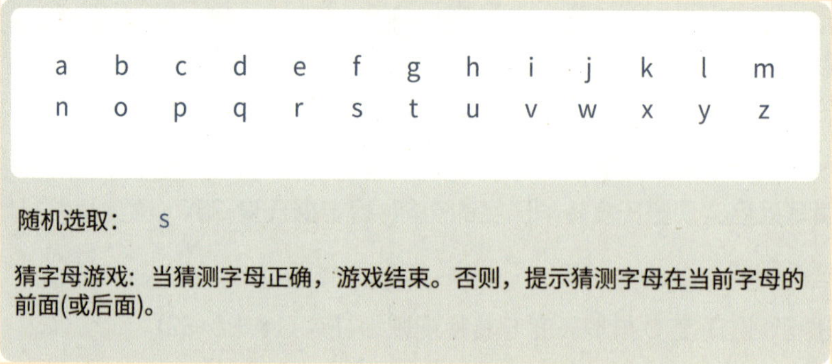

a b c d e f g h i j k l m
n o p q r s t u v w x y z

随机选取: s

猜字母游戏: 当猜测字母正确,游戏结束。否则,提示猜测字母在当前字母的前面(或后面)。

图 1-3-1 猜字母游戏示意

**思考** 1. 如何确定比较条件,进行比较判定?

2. 如何进行字母之间关系的比较?

## 1.3.1 分支结构

观察猜数游戏代码(代码清单 1-1-1),代码中包含多个 if,实现的功能是对三种不同情况的判断。根据不同的判断结果,下一步程序的处理方式各不相同。类似这种“见机行事”的逻辑判断就是分支结构。简单地说,分支结构就是“在不同的条件下执行不同的任务”。在 Python 中,分支结构一般通过“if ... elif ... else ...”语句来实现,共有 3 种典型的分支结构,分别称为单分支、双分支和多分支结构,如图 1-3-2 所示。

以双分支结构“if-else”为例,if 后面是程序此时需要满足的条件,条件后面是冒号。使用“换行缩进”来表示满足条件时要执行的代码块。如果条件不满足则执行 else 后的代码,else 后同样使用冒号和“换行缩进”来表示

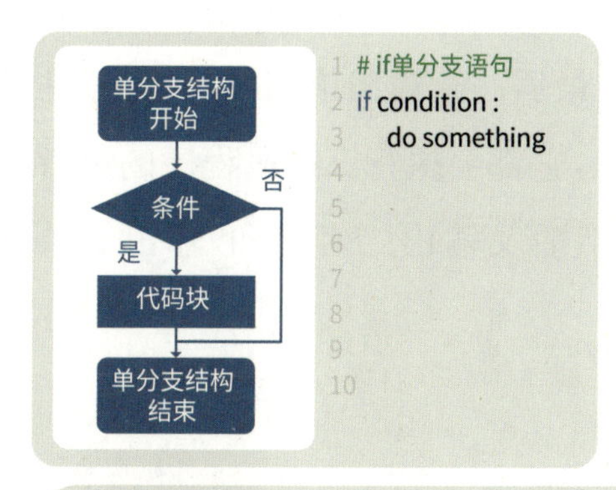


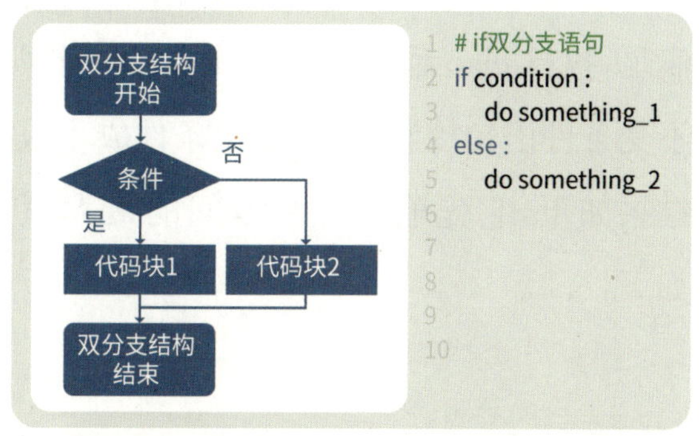


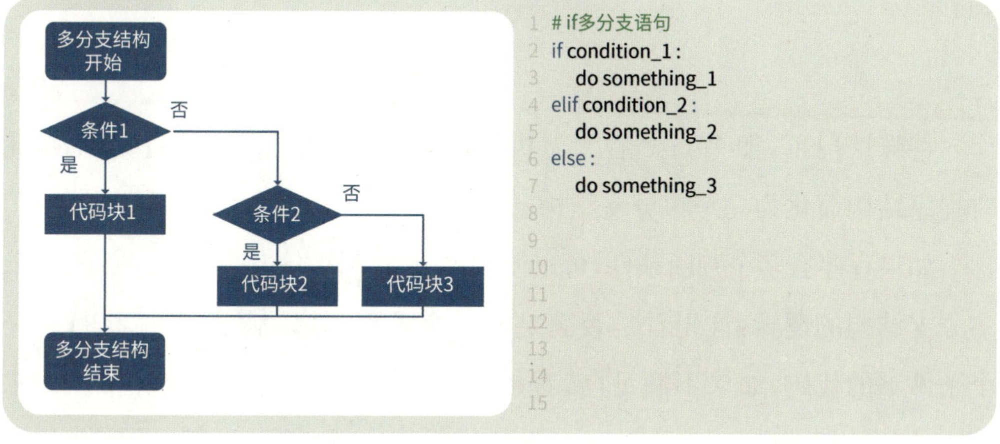


图 1-3-2　单分支、双分支和多分支结构

不满足条件时要执行的代码块。代码清单 1-3-1 展示了一个简单的双分支程序示例。

**代码清单 1-3-1　双分支程序示例**

```
a = 5
b = 10
if a > b:
    print(a)
else:
    print(b)
print(a + b)
```

阅读程序可以发现，此时 a 是 5，b 是 10，a 小于 b，因此 if 后条件没有满足，执行 else 后的语句，即输出 b；程序的最后一行输出语句没有缩进，它不受条件语句控制，因此不论条件成不成立，它都会执行。这段程序的运行结果如下，它先输出 a 与 b 间的最大值，然后又输出二者之和，输出结果如下：

```
'''
程序运行输出结果：
10
15
'''
```

特殊情况下，如果 else 后无需执行任何代码，则可以直接省略 else，此时程序结构简化为一个单分支结构。

如果程序有多个判断条件，可以使用多分支结构“if... elif... else...”。多分支结构的逻辑：首先看是否满足第一个条件，如果满足，那就执行第一个条件下的代码，如果不满足，就看是否满足第二个条件，依次类推。如果所有的条件都不满足，就执行 else 里的代码。当省略了 elif 后，就简化为双分支结构，再省略掉 else 就进一步简化成为了单分支结构。

**实践活动**

**尝试将猜数游戏中的判断语句改为多分支结构**

在猜数游戏的程序中，连续使用了 3 个 if 语句，这并不符合 Python 分支结构的编程习惯，尝试将程序中的三个单分支结构改为一个多分支结构。

**实践活动**

## 求一元二次方程的实数根

一元二次方程是否存在实数根的判定条件如下：

一元二次方程一般式：$ax^2+bx+c=0(a\neq 0)$

计算判别式：$\Delta= b^2-4ac$

$$
\begin{cases}
\Delta>0,\ x=\dfrac{-b\pm\sqrt{\Delta}}{2a}, & \text{两个不同实根}\\
\Delta=0,\ x_1=x_2=\dfrac{-b}{2a}, & \text{两个相同实根}\\
\Delta<0, & \text{无实根}
\end{cases}
$$

已知一元二次方程 $x^2+x-1=0$，请按照方程判别式判断一元二次方程是否有实数根，若有则计算并将其解赋值给变量 $x_1$，$x_2$，输出在屏幕上。尝试使用多分支的结构完成程序编写。

提示——平方根运算程序的编写指南：

在编写 Python 程序时，第一行使用“import”关键字引入一个名称为“math”的模块。“math”模块中有一个函数 sqrt( )，调用 sqrt( )即可实现平方根运算，具体使用方法如代码清单 1-3-2 所示。

代码清单 1-3-2　平方根运算 sqrt( )的使用方法

```
import math

number = 9
new_num = math.sqrt(number)
print(new_num)
'''
程序运行输出结果:
3.0
'''
```

阅读拓展

**程序流程图**

程序流程图又称程序框图，是用统一规定的标准符号描述程序运行具体步骤的图形表示。一般程序流程图由起止框、输入输出框、处理框、判断框、连接线、连接点构成，如表 1-3-1 所示。

表 1-3-1　程序流程图常用符号

| 符号 | 名称 | 功能 |
| --- | --- | --- |
|  | 起止框 | 表示程序的开始或结束。 |
|  | 输入输出框 | 表示输入或输出数据。 |
|  | 处理框 | 处理框中为程序需要处理的内容，此框有 1 个入口和 1 个出口。 |
|  | 判断框 | 用于表示条件判断的情况，判断后程序流程将产生分支。此框有 4 个顶点，通常上面的顶点表示入口，另外 3 个顶点可以表示出口。 |
|  | 连接线 | 用于控制程序流程方向。 |
|  | 连接点 | 用于连接因页面写不下而断开的流程线。 |

程序流程图的设计是在处理流程的基础上，通过对输入输出数据和处理过程的详细分析，将计算机的主要运行步骤和内容标识出来。用流程图描述程序结构直观易懂，易于初学者理解程序结构。

## 1.3.2　字符串类型

猜数游戏使用分支结构，进行状态的判断；同理，“猜字母游戏”也可以使用分支结构完成判断。字母之间是否可以使用关系运算符进行比较呢？

字母是字符的一种，在 Python 中使用字符串类型来存储字符组合。

其实字符串已经多次和大家见面了，还记得你编写的第一个 Python 程序吗？“Hello world!”就是一个字符串；猜数游戏中输出的提示语“恭喜您，猜对了!”也是一个字符串。

字符串类型(str)是 Python 的基本数据类型之一，用于表示一个或多个字符组成的序列，Python 中的字符串加注单引号“'　'”或者双引号“"　"”来表示，具体如下：

```
a = '123'
b = "I am fine!"
```

如果字符串本身包含“'　'”或“"　"”怎么办呢？比如字符串“I'm fine”，特殊字符需要使用反斜杠(\)转义。转义字符“\”负责告知解释器接下来的这个符号是个特殊字符。对于字符中“'　'”或“"　"”而言，转义字符“\”负责告知解释器接下来的字符是包含在字符串当中的，而非表征字符串的结束，如下所示：

```
c = "I\'m fine!"
```

Python 中的字符串同样可以进行很多运算，以字符串变量 a='Hello'，b='Python' 为例，字符串常用的操作符如表 1-3-2 所示。

表 1-3-2　常用字符串操作符

| 操作符 | 描　述 | 实　例 |
| --- | --- | --- |
| + | 字符串连接 | >>> a+b　# 'HelloPython' |
| * | 重复输出字符串 | >>> a*2　# 'HelloHello' |
| [] | 通过索引获取字符串中字符 | >>> a[1]　# 'e' |
| [:] | 截取字符串中的一部分 | >>> a[1:4]　# 'ell' |
| in | 成员运算符，如果字符串中包含给定的字符返回 True | >>> "H" in a　# True |
| not in | 成员运算符，如果字符串中不包含给定的字符返回 True | >>> "M" not in a　# True |

Python 的字符串拥有多个字符，使用 len() 函数可以获取一个字符串变量的长度，具体如下：

```
string = "Hello world!"
print(len(string))
'''
程序运行输出结果:
12
'''
```

需要提示的是，空格、标点符号等都属于符号，是字符串的一部分。

阅读拓展

**Python 的输入函数 input( )**

Python 内置的 input( ) 函数接受一个标准输入数据，返回为 string 类型。可以在括号中添加字符串作为提示信息，在程序运行到这一语句时将会先打印提示信息，再等待用户输入，例如：

```
a = input("say something:")
'''
程序运行输出结果:
say something: Hello world
'''
print(a)
'''
程序运行输出结果:
Hello world
'''
```

在 Python 中，字符串变量之间可以进行大小比较。字符串按位依次比较字符的 ASCII 码大小，第一个字符的 ASCII 码大的，该字符串就大，不再比较后面的；第一个字符相同，再对字符串的第二个字符进行比较，以此类推。例如：

```
print("abc" > "bcd")
'''
程序运行输出结果:
False
'''
```

实践活动

### 字符串操作练习

定义两个字符串变量，结合 Python 内置的 input 函数，为两个变量赋值。

1. 分别为两个字符串变量赋值“A”“H”，比较两个字符串变量，并输出大小。

2. 分别为两个字符串变量赋值“Hello”“Hi”，比较两个字符串变量，并输出大小。

3. “== ”可以用来比较两个字符串是否完全相同，通过实践总结一下字符串对于其他不等符号(> 、< 、> = 、< = )的比较规则是怎样的。

阅读拓展

### 字符串格式符“%”

在打印字符串的时候，还可以用字符串格式符“%”来进行格式化输出，这样做的好处是可以方便地控制类型转化，示例如下：

```
name = "Mingming"
number = 10.0
print("%s studied %d courses and got %.1f points for each of them."%
(name, number, number))
'''
程序运行输出结果:
Mingming studied 10 courses and got 10.0 points for each of them.
'''
```

上面的程序中，“%s”“%d”和“%.1f”分别代表以字符串、整数和浮点数的数据类型输出，其中“.1”表示保留一位小数。其他常用格式化符号如表 1-3-3 所示。

表 1-3-3 字符串格式化输出

| 符号 | 格式化类型 | 符号 | 格式化类型 |
| --- | --- | --- | --- |
| %c | 字符及 ASCII 码 | %x | 无符号十六进制数 |
| %s | 字符串 | %f | 浮点数类型 |
| %d | 整数类型 | %e | 科学计数法格式化浮点数 |
| %u | 无符号整型 | %g | %f 和%e 的简写 |
| %o | 无符号八进制数 | | |

阅读拓展

## 字符串类型其他内置函数

为了方便字符串类型的使用,Python 还提供了许多针对字符串处理的内置函数,下面是一些字符串类型按用途归类的常用方法。

字符类型的判断与转换:判断字符串中的字符是否符合某些条件,或者根据规则如何进行字符串整体转换,具体函数及描述如表 1-3-4 所示。

表 1-3-4 字符类型的判断与转换

| 函 数 | 描 述 |
| --- | --- |
| string.isdigit() | 如果 string 只包含数字(0—9)则返回 True,否则返回 False。 |
| string.isalpha() | 如果 string 至少有一个字符,并且所有字符都是字母,则返回 True,否则返回 False。 |
| string.isalnum() | 如果 string 至少有一个字符,并且所有字符都是字母或数字,则返回 True,否则返回 False。 |
| string.islower() | 如果 string 中包含至少一个区分大小写的字符,并且所有这些字符都是小写,则返回 True,否则返回 False。 |

（续表）

| 函数 | 描述 |
|---|---|
| string.lower() | 转换 string 中所有大写字符为小写。 |
| string.isupper() | 如果 string 中包含至少一个区分大小写的字符，并且所有这些区分大小写的字符都是大写，则返回 True，否则返回 False。 |
| string.upper() | 转换 string 中的小写字符为大写。 |
| string.swapcase() | 翻转 string 中的大小写。 |

字符串查找与计数：判断、查找和统计字符串中出现的关键字段，可以使用起始位置“beg”和结束位置“end”限定查找范围，如果没有限定则默认查找整个字符串，具体字符串查找与计数相关函数描述如表 1-3-5 所示。

字符串的拆分与组合：根据关键字可以将字符串拆分，或连接起来，具体函数及描述如表 1-3-6 所示。

表 1-3-5 字符串的查找与计数

| 函数 | 描述 |
|---|---|
| string.find(str, beg, end) | 检测 str 是否包含在 string 中，如果 beg 和 end 指定范围，则检查是否包含在指定范围内，如果是返回开始的索引值，否则返回-1。 |
| string.index(str, beg, end) | 跟 find()方法一样，只不过如果 str 不在 string 中会报一个异常。 |
| string.count(str, beg, end) | 返回 str 在 string 里面出现的次数，如果 beg 或者 end 指定，则返回指定范围内 str 出现的次数。 |
| startswith(str, beg, end) | 检查字符串是否是以 str 开头，是则返回 True，否则返回 False。如果 beg 和 end 指定值，则在指定范围内检查。 |
| endswith(str,beg,end) | 检查字符串是否以 str 结束，如果 beg 或者 end 指定，则检查指定的范围内是否以 str 结束，如果是返回 True，否则返回 False。 |

表 1-3-6　字符串的拆分与组合

| 函　数 | 描　述 |
| --- | --- |
| string.split(str,num) | 以 str 为分隔符切片 string，如果 num 有指定值，则仅分隔 num+1 个子字符串。 |
| string.join(seq) | 以 string 作为分隔符，将 seq 中所有的元素合并为一个新的字符串。seq 是任意可迭代类别，但每个元素必须为字符串类别。 |

字符串的替换：将新的字符串代替旧的字符串。具体函数及描述如表 1-3-7 所示。

表 1-3-7　字符串的替换

| 函　数 | 描　述 |
| --- | --- |
| string.replace(old,new,num) | 将 string 中的 old 替换成 new，如果 num 指定，则替换不超过 num 次。 |

这里并没有覆盖到全部的字符串内置函数，还有许多功能各异的函数方法，同学们可以在实践中慢慢熟悉它们。

**项目实施**

**实现“猜字母游戏”**

## 一、项目活动

对“猜数游戏”的程序代码进行改写，实现“猜字母游戏”。游戏在 26 个大写英文字母中随机生成一个大写英文字母，游戏玩家每轮输入一个英文字母，程序会提示“你猜的字母太靠后了”“你猜的字母太靠前了”“猜对了”。

温馨提示：随机生成一个大写字母的方法详见代码清单 1-3-3。

代码清单 1-3-3　随机生成一个大写字母的程序示例

```
import string
import random

a = random.choice(string.ascii_uppercase)
print(a)
'''
程序运行输出结果:
'Y'
'''
```

## 二、项目检查

编写程序，实现“猜字母游戏”，对程序进行测试，保障改编后的游戏能够稳定运行。

## 练习与提升

1. 在日常使用的历法中，存在着闰年，满足如下两个条件之一的年份，称为闰年。

   (1) 公历年份是 4 的倍数且不为 100 的倍数；

   (2) 公历年份是 400 的倍数。

   编写程序，使用分支结构，判断一个年份是否为闰年。

2. 给定字符串 a="hello, Python"，请用两种方式截取出其中的“hello”子串。

3. 某老师想对一次学生考试的分数(0—100 分)评等级，评级的规则如下：90 分以上为 A；80—90 分为 B；60—79 分为 C；60 分以下为 D。现在请你帮忙写一个程序：输入分数，程序自动输出等级。

# 1.4 Python 列表、字典与循环结构

**学习目标**

- 掌握 Python 列表、字典等类型，能够掌握列表和字典的常用方法；
- 掌握程序的循环结构，能够使用流程图和 Python 编程两种形式表示循环结构。

**体验与探索**

在玩猜数游戏的时候，铭铭发现每次猜对数字需要的次数并不一致，但是通过多轮游戏，铭铭隐约感觉猜数游戏是有技巧的。但是猜数游戏并没有保存每轮猜测的数字及次数。将每轮游戏猜的数及次数保存下来（如图 1-4-1 所示），将有助于研究猜数规律。

| 1 | 2 | 3 | 4 | 5 | 6 | 7 | 8 | 9 | 10 |
|---|---|---|---|---|---|---|---|---|---|
| 11 | 12 | 13 | … | 95 | 96 | 97 | 98 | 99 | 100 |

| 每轮待猜数字: | 56 | 33 | 71 | 23 | 98 | 3 |
|---|---|---|---|---|---|---|
| 每轮猜测次数: | 7 | 6 | 8 | 9 | 10 | 7 |

图 1-4-1　每轮游戏猜测数字及次数记录

**思考**　1. 使用什么方法可以保存每轮猜测的数字？

2. 程序记录下每局猜测的数字后，如何便捷地看到这些数据的结果？

## 1.4.1 列表类型

为了保存猜数游戏中每轮猜测的数字，首先想到的是使用多个变量分

别存储。然而每局游戏猜测的数是一个整体，此时不希望将数据用零散的变量存储；同时，由于游戏前，并不知道游戏会进行多少轮，使用变量存储的话，就需要创建很多变量，程序无疑变得冗余。Python 的开发者早就考虑到了这一点，为 Python 创建了专门用于表示集合的数据类型。

列表是一种由元素构成的有序集合，可以存储任意数据类型的对象。列表就像是一个个元素排起来的队伍，不同的元素对象可以是不同的数据类型。创建列表时，使用逗号“,”分隔不同的数据项，同时使用方括号“[ ]”括起来即可，具体代码如下：

```
mylist = ['H', 'e', 'l', 'l', 'o']
print(mylist)

'''
程序运行输出结果:
['H', 'e', 'l', 'l', 'o']
'''
```

这里创建了一个名为“mylist”的列表，列表中的每个元素都有索引。使用索引可以访问列表中的每个元素，索引的具体情况如图 1－4－2 所示。

图 1－4－2　列表的索引示例

索引分为正向索引和反向索引。正向索引从前往后，从零开始计数，比如索引 n 实际表示的是列表中的第 n＋1 个元素。反向索引从后往前，从－1 开始计数。比如索引“－n”实际表示列表的倒数第 n 个元素。

如果想要一次性读取连续几个元素，可以使用列表的切片。应用“列表名[开始索引:结束索引]”的形式，可以获取一个连续几个元素的子列表，切片的具体代码如下所示：

```
print(mylist[2])
'''
程序运行输出结果:
l
'''
print(mylist[-1])
'''
程序运行输出结果:
o
'''
print(mylist[0:3])
'''
程序运行输出结果:
['H', 'e', 'l']
'''
```

除了访问元素以外，常见对列表的操作还包括添加元素、插入元素、删除元素、统计某元素出现次数、查看列表长度（也就是元素个数）等。

添加元素：使用 list. append(obj) 函数，在列表 list 的末尾添加新对象 obj，比如：

```
mylist = ['H', 'e', 'l', 'l', 'o']
mylist.append('W')
print(mylist)
'''
程序运行输出结果:
['H', 'e', 'l', 'l', 'o', 'W']
'''
```

插入元素：使用 list. insert(index, obj) 函数，index 代表插入的位置，obj 代表插入的元素，比如：

```
mylist.insert(5,'_')
print(mylist)
'''
程序运行输出结果:
['H', 'e', 'l', 'l', 'o', '_', 'W']
'''
```

删除元素：使用 list. pop([index = -1]) 函数，移出列表中的一个元素（默认是最后一个元素），并且返回该元素的值。比如：

```
mylist.pop(5)
print(mylist)
'''
程序运行输出结果:
['H', 'e', 'l', 'l', 'o', 'W']
'''
mylist.pop()
print(mylist)
'''
程序运行输出结果:
['H', 'e', 'l', 'l', 'o']
'''
```

统计某元素出现次数：使用 list. count(obj)函数统计某个元素 obj 在列表 list 中出现的次数，比如：

```
a = ["Say", "hello", "to", "python", "hello"]
print(a.count("hello"))
'''
程序运行输出结果:
2
'''
```

查看列表长度：使用 len(list)函数，统计列表 list 的元素个数，比如：

```
mylist = ['H', 'e', 'l', 'l', 'o']
print(len(mylist))
'''
程序运行输出结果:
5
'''
```

**实践活动**

**列表的创建和操作**

最近学校组织了身体素质基础测试，铭铭帮助卫生委员统计班级的测试结果。每个同学需要记录的数据有：姓名(name)、性别(gender)、年龄(age)、身高(height)、体重(weight)。

请构建一个列表，存储班级同学的姓名，包括 Mingming、Haiyang、Lixiaohong。

列表建立完毕后，依次完成如下任务：

1. 删除第三个元素“Lixiaohong”；
2. 在列表最后添加元素“Zhenglanlan”；
3. 在列表中将元素“Zhaoyue”插入“Haiyang ”前；
4. 输出此时列表长度。

思考活动

## 认识多维列表

同学们是否玩过数独游戏？游戏中数字的排列形式如图 1-4-3 所示，包含行和列两个维度，这样的格式在 Python 中可以用二维列表来存储。

图 1-4-3 数独游戏

可以这样理解二维列表：每一行是一个一维列表，将每行看作一个整体，所有行排列起来构成了一个二维列表。相应地，使用两层索引“[i][j]”可以提取二维列表中的元素。以上面这个数独表的前三行为例，构建二维列表并打印第 2 行第 4 个元素，详见代码清单 1-4-1。

**代码清单 1-4-1　数独列表的创建与元素读取**

```
list_2d = [
    [9, 0, 7, 0, 0, 0, 3, 0, 8],
    [3, 1, 0, 9, 4, 0, 0, 2, 0],
    [0, 0, 6, 3, 0, 8, 0, 1, 7]
]
print(list_2d[1][3])
'''
程序运行输出结果：
9
'''
```

这里空格处以数字“0”表示。列表的嵌套操作使得存储二维、甚至更高维度结构的数据成为可能。

请将图 1-4-3 中每一个 3×3 的子块所构成的二维列表看作一个整体，将子块继续以二维列表的形式排列。

**思考**　1. 完整数独表将由一个四维列表构成，这个列表该如何书写？

2. 中央子块的中央元素索引是多少，该如何打印？

**阅读拓展**

### 与列表类似的数据结构：元组和集合

元组也是一种有序集合。与列表的唯一差别是元组一旦创建后，元组中的元素不可更改。即元组只能创建和访问，不能进行添加、修改、删除等操作。

元组由“()”创建，创建并访问元组的程序示例如下：

```
a = ('Haiyang', 'Mingming', 'Lixiaohong')
print(a[1])
'''
程序运行输出结果：
Mingming
'''
```

集合与列表不同，集合中的元素是无序且不重复的。创建集合的常用方法是先创建一个列表，再把列表转换成集合；也可用"{}"或 set( ) 函数来创建集合。创建一个空集合，只能使用 set( )函数，不能用"{}"。使用"{}"创建且"{}"中没有元素，将得到一个空字典类型的变量。创建集合的程序示例如下：

```
a = set('Hello')
print(a)
'''
程序运行输出结果:
{'H', 'e', 'l', 'o'}
'''
a = {1, 2, 3}
print(a)
'''
程序运行输出结果:
{1, 2, 3}
'''
```

集合中的元素是无序的，所以不能用索引的方式来访问集合中的元素。访问集合中的元素，一般会使用即将学习的循环语句。

Python 中的集合和在数学中的集合一样，也有交集、并集等操作。获取交集用 intersection( )函数或者"&"运算符，获取并集用 union( )函数或者"| "运算符。获取两个集合的差集，即从第一个集合中去除第二个集合中存在的元素，可以直接用"- "表示，具体程序示例如下：

```
a = set([1, 2, 3])
b = set([2, 3, 4])
print(a.intersection(b))
'''
程序运行输出结果:
{2, 3}
'''
print(a | b)
'''
程序运行输出结果:
{1, 2, 3, 4}
'''
print(a - b)
'''
程序运行输出结果:
{1}
'''
```

### 1.4.2　字典类型

在上一小节的实践活动中，铭铭创建列表来存储班级的测试结果。为了存储全部信息，铭铭创建了多个列表，分别存储姓名（names）、年龄（ages）、身高（heights）等，具体如下：

```
names = ['Haiyang', 'Mingming', 'Lixiaohong']
ages = [15, 16, 16]
heights = [175, 180, 160]
```

这样做的缺点是，属于同一个人的不同数据被放到不同的变量中，对应关系不明显。Python 中的字典类型，更适合解决该问题。

字典也是一种由元素构成的集合，同样可以存储任意数据类型的对象。与列表中使用索引的序号访问具体元素不同，字典通过事先定义好的键作为索引来访问对应位置元素的值。字典中的元素是一个个键值对组成的集合。字典用“{}”来表示，创建字典时键值对之间用“:”间隔。

以身高数据为例创建字典，构造人名与数据的键值对，具体程序示例如下：

```
heights = {'haiyang': 175, 'Mingming': 180, 'Lixiaohong': 160}
print(heights['Mingming'])
'''
程序运行输出结果:
180
'''
```

字典值可以是任何的 Python 对象，但字典的键必须是不可变对象，比如数字、字符串、元组等，列表不能充当键。往字典中添加和修改元素的值，可以直接通过赋值来实现。如果赋值时，字典中已经存在索引键，则修改索引键对应的元素值；如果不存在，则新建一个键值对，具体程序示例如下：

```
heights['Zhenglanlan'] = 165
print(heights)
'''
```

```
程序运行输出结果:
{'haiyang':175,'Mingming':180,'Lixiaohong':160,'Zhenglanlan':165}
'''
heights["Mingming"] = 190
print(heights)
'''
程序运行输出结果:
{'haiyang':175,'Mingming':190,'Lixiaohong':160,'Zhenglanlan':165}
'''
```

需要注意的是，访问一个字典时，每次取出的元素是字典的键。若希望将键值对一同取出，需要对字典对象使用 items()函数，并分别赋值给两个变量。keys()和 values()函数则分别表示只取字典的键或值。具体程序示例如下：

```
heights = {"Mingming" : 180}
print(heights.items())
print(heights.keys())
print(heights.values())
'''
程序运行输出结果:
dict_items([('Mingming', 180)])
dict_keys(['Mingming'])
dict_values([180])
'''
```

删除字典的元素与查看字典长度的操作与列表类似。需要注意的是，使用 pop()函数删除字典的元素时，需要使用索引键替代索引序号。

**实践活动**

**存储多项数据**

请尝试利用下面的信息构造三个字典，并尝试将所有的字典排列成一个列表。

```
names = ['Haiyang', 'Mingming', 'Lixiaohong']
ages = [15, 16, 16]
heights = [175, 180, 160]
```

至此，同学们学习了 Python 的 6 种常见的数据类型，它们分别是：数字类型、字符串类型、列表类型、元组类型、集合类型和字典类型。

### 1.4.3　循环结构

列表和字典可以存储多个数据，使用时如果通过“索引序号”或“键值”来逐个取出，既重复又过于麻烦。Python 提供了循环结构来完成重复操作。如图 1－4－4 所示，图中展示的是循环打印班级同学姓名列表的程序流程图。

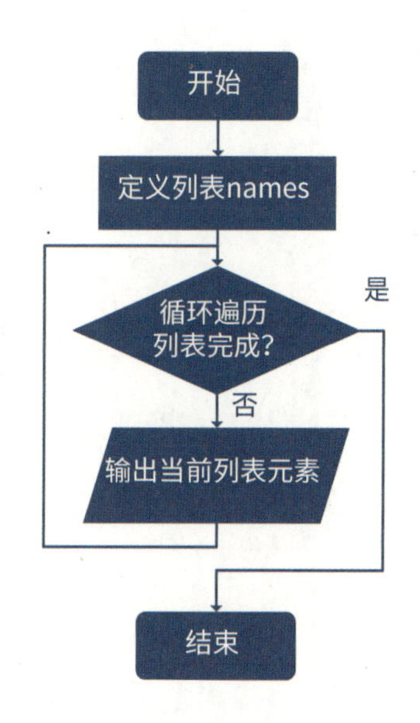


图 1－4－4　循环遍历列表流程图

在 Python 中，有两种常用的循环语句，分别是 for 语句与 while 语句。循环就是重复执行某段代码，直到条件终止，如图 1－4－5 所示。

for 语句的语法格式如图 1－4－5 右侧 1－3 行所示。

其中，sequence 代表序列，可以是列表、元组、字典、集合等有序或无序的序列。item 表示每次从这个集合中取出的元素（可以换成任何其他合法的变量名）。这个语句会重复执行，到遍历完集合中所有元素为止。当集合

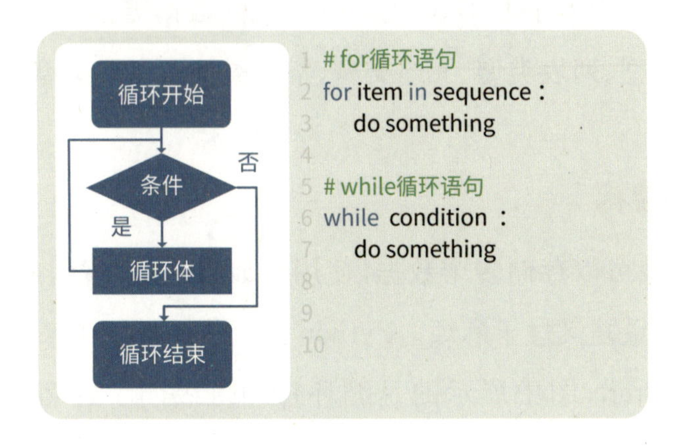


图 1-4-5　循环结构

遍历完成后可以认为条件不再满足，跳出循环，循环结束。

代码清单 1-4-2 展示了使用 for 语句实现输出人名列表的过程。

代码清单 1-4-2　for 语句输出人名列表程序示例

```
name = ['Haiyang', 'Mingming', 'Lixiaohong']
for i in name:
    print(i)
'''
程序运行输出结果：
Haiyang
Mingming
Lixiaohong
'''
```

实践活动

**遍 历 字 典 中 的 循 环**

已知，字典 heights 中存放着多名同学的身高信息，具体如下：

```
heights = {'Haiyang': 175, 'Mingming': 180}
```

尝试编写程序：使用 for 语句循环结构，输出字典中的值。

提示：

1. 遍历字典时，每次取出的元素是字典的键，若希望将键值对一同取出，需要对字典对象使用 items( ) 函数，并分别赋值给两个变量，具体写法如下：

```
for name, height in heights.items():
    print(name, height)
```

2. 对字典对象使用 keys( ) 和 values( ) 函数，则表示只取字典的键或值。

此外，在使用 for 语句时，经常会使用 range(a, b) 函数来获取一个区间为 [a, b) 的整数列表，代码清单 1-4-3 展示了使用 for 语句实现数字 1—5 累加。

代码清单 1-4-3　数字 1—5 累加

```
sum = 0
for num in range(1, 6):
    sum += num
print(sum)
'''
程序运行输出结果：
15
'''
```

阅读拓展

**使用 for 循环结构创建列表**

使用循环结构，除了用作遍历列表中的元素外，还可以用作列表的创建，观察下面这个例子：

```
print([i for i in range(5)])
'''
程序运行输出结果:
[0, 1, 2, 3, 4]
'''
print(['a' for _ in range(3)])
'''
程序运行输出结果:
['a', 'a', 'a']
'''
```

第1个语句表示，对于i依次从0—5中的每个整数取值，并向中括号内添加元素i以构成列表；第2个语句中的“_”说明程序对于每一个循环计数并不感兴趣，而是关心元素“a”一共被添加了3次。这里的字符“a”可以被替换为任何表达式，甚至是一个随机数生成函数。这就是创建列表的一种灵活方法。

while语句的语法格式如图1-4-5右侧5—7行所示。while语句会在每次执行完之后再做一次判断，如果依然满足条件，则再一次执行代码，如此循环，到不满足条件为止。

代码清单1-4-4展示了使用while语句实现1—5数字累加。

代码清单1-4-4　数字1—5累加

```
num = 1
sum = 0
while num <= 5:
    sum += num
    num += 1
print(sum)
'''
程序运行输出结果:
15
'''
```

阅读拓展

**循环结构中的其他常用语句**

猜数字游戏中使用的循环结构就是while循环。循环条件是一个布尔值 True，此时循环条件永远成立，循环是不会终止的。因此在游戏中，当玩家猜对数字之后，程序中使用了“break”语句。

“break”语句通常用于直接跳出所在循环。

除了“break”语句之外，循环结构中还有一个“continue”语句。“break”主要用于直接跳出循环；而“continue”主要用于跳过循环中的某次执行，忽略后面的代码直接进入下一次循环。

阅读代码清单 1-4-5，代码实现了 1—5 所有奇数的累加，通过程序体会“break”语句与“continue”语句的差别。

代码清单 1-4-5　1—5 所有奇数的累加

```
num = 0
sum = 0
while True:
    num += 1
    if num > 5:
        break
    if num % 2 == 0:
        continue
    sum += num
print(sum)
'''
程序运行输出结果:
9
'''
```

此外，“pass”语句也是流程控制中的常用语句，它的功能是“什么都不做”，在原本需要语句的地方起到“占位”的作用。

**思考活动**

**循 环 嵌 套 结 构**

循环结构是否可以嵌套使用呢？请结合二维列表的概念思考循环嵌套的用处。

阅读拓展

## 程序流程控制结构

计算机是按照一定顺序执行代码的，这个过程称为“流程”。在程序设计时，依照程序逻辑控制代码的先后顺序执行代码，我们称之为流程控制。针对不同的条件执行不同的程序，或者在某些条件下重复执行某段程序，也属于流程控制。

Python 主要包含三种程序流程控制的结构，在前面的学习中都已经使用过，这三种结构分别是：

（1）顺序结构，即自上而下执行每条语句，也是 Python 的默认流程，前面章节中使用到的简单程序都属于顺序结构。

（2）分支结构，即根据条件判断结果决定应该执行哪些语句。

（3）循环结构，即在循环起始条件和终止条件的控制下，重复执行循环体内的操作。

图 1-4-6 中展示了一个计算圆周长的程序流程图。阅读流程图，体会程序流程控制的三种基本结构。

计算并输出圆的周长

- 流程开始
- 输入半径r
- 判断半径r是否大于零
- 若是:计算周长L并输出
- 若不是:输出错误信息“error”
- 流程结束

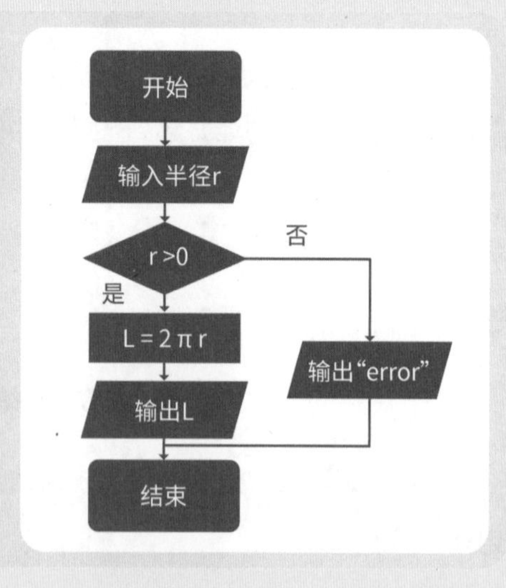


图 1-4-6　计算圆周长的流程图

### 项目实施

**输 出 所 有 猜 测 的 数 字**

#### 一、项目活动

对“猜数游戏”的程序代码进行改写，要求在猜数游戏结束时，输出每一轮游戏玩家猜测的数字。

尝试定义一个列表，用来存储每一轮所猜的数字。

#### 二、项目检查

编写程序，实现“打印猜数结果”的功能，对程序进行测试保障游戏能够稳定运行。

### 练习与提升

1. 请以“ * ”号为单位，打印出一个三角形，形状如下：

```
   *
  * * *
 * * * * *
* * * * * * *
```

2. 请用一行语句构造一个 10 个元素的列表，元素是区间[0，10)的随机整数。

# 1.5 Python 函数与模块

**学习目标**

- 理解函数及参数的意义和作用，能够熟练编写函数解决问题；
- 知道模块的作用及引用方法，能够熟练地引用第三方模块进行程序设计。

**体验与探索**

质数，是铭铭在数学课上学到的一类特殊数字。学习了猜数游戏的程序编写后，铭铭打算对游戏进行改造，将被猜测的数字设置为 0—1 000 中的任意一个质数。想到这里铭铭发现，他需要编写一个程序单元用于检测质数。这样只需要调用这个程序单元，就知道一个数是不是质数了。

实际上，本章猜数游戏程序中就有一个程序单元，详见代码清单 1-1-1 中的 caishu( )，这个程序单元实现了猜数游戏的整个判断逻辑。

**思考** 1. 程序单元这种形式有什么好处？
2. 如何在需要的时候调用程序单元？

## 1.5.1 函数的定义和调用

事实上，这种将一系列程序打包成一个程序单元的设想在 Python 程序中称之为函数。图 1-5-1 中的 caishu()就是一个函数，该函数将猜数的整个逻辑过程打包成一个程序单元，在需要的时候将其调用就能运用。

对于数学课上学习的函数 y=f(x)，给定一个自变量 x，经过一系列的函数运算后就会得到一个对应的因变量 y。Python 中的函数与之类似，但是

Python 中的函数不再只是数学运算这么简单。Python 中的函数可以处理更复杂更丰富的信息，它的输出也不局限于数字。

函数是编程中一个非常重要的概念，将常用的功能“打包”起来以便再次使用，是模块化编程的基础。比如，将猜数游戏的过程打包成 caishu()，在需要使用时，直接通过 caishu()就能调用。熟练使用函数，可以让程序的逻辑更加清晰，同时大大增加程序的可复用性。

（1）函数的定义

Python 中定义函数，使用 def 关键字，具体语法格式和含义如图 1－5－1 所示。

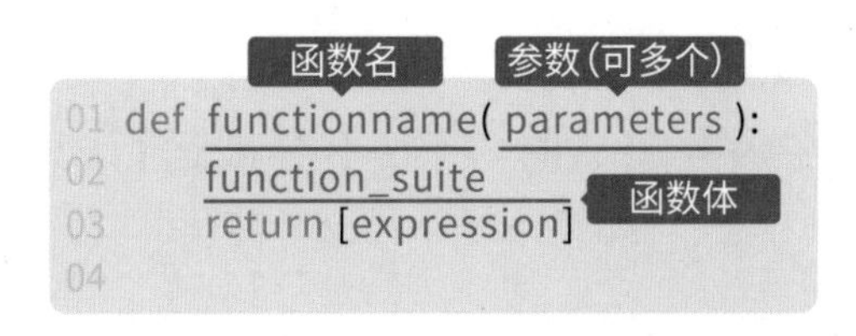


图 1－5－1　定义函数的语法

定义函数时，def 关键字后接空格，然后是函数名称、一对“()”与“:”，()间可定义参数。换行后，以统一缩进的形式编写函数体，最后以 return [返回值]结束函数并返回一个值。当然返回值也可以不指定，此时相当于返回空值。

有参数的函数在函数体中通常会对参数进行一系列操作，然后输出返回值。函数相当于输入变量，完成相关操作，然后返回值。特殊情况下，一个函数也可以是无参数的，也可以没有返回值，具体如图 1－5－2 所示。

```
01 def functionname( parameters ):
02     function_suite
03     return [expression]
04
```

```
01 def functionname( ):
02     function_suite
03     return [expression]
04
```

```
01 def functionname( ):
02     function_suite
03
04
```

图 1－5－2　各种类型的函数

定义一个名为“fun”的函数，实现“y＝x＋1”的功能。此时，x 为函数 fun(x)的输入参数，y 为函数的返回值，具体代码如下：

```
def fun(x):
    y = x + 1
    return y
```

同样的，函数是可以没有参数和返回值的，比如：

```
def say_hello():
    print('Hello! ')

say_hello()
'''
程序运行输出结果:
Hello!
'''
```

需要注意的是，在函数定义时，函数不会被运行，只有定义的函数被调用时，才会运行。

（2）函数的调用

函数的使用遵循“先定义，后调用”原则，除了自定义的函数以外，Python 的标准模块中包含许多内置函数。在需要使用自定义函数或内置函数时，通过函数名完成调用过程。函数名如同一个调用标签，决定函数体的执行。

函数在调用时，使用函数名并在括号中传入符合条件的参数，即可获得函数返回值。如下展示了 fun 函数的完整定义与调用示例。

```
def fun(x):
    y = x + 1
    return y

print(fun(5))
'''
程序运行输出结果:
6
'''
```

在这个例子中，参数 x 赋值为 5，fun 函数会接收这个输入参数，然后代入内部函数体完成运算，即在函数中，x 被赋值为 5。然后函数会给 y 赋值为 x+1，也就是 y 赋值 6，并返回 y 的值。在第 4 行代码中对函数的返回值进行了打印输出，即打印 fun(5)的返回值。fun 函数在定义时，函数中的 x 是一个必备参数，因此如果调用时缺少了这个参数，将会产生语法错误。

如果定义的函数包含多个参数，函数在调用时，参数的数量和顺序需要与定义时一致。或者，在调用函数时使用关键字参数的方法，即在调用时指定关键字，如下所示：

```
def fun2(x, y):
    z = y - x
    return z

print(fun2(y=3, x=2))
'''
程序运行输出结果:
1
'''
```

程序示例中定义了一个函数 fun2(x,y)。调用时，为参数指定关键字，此时可以不按参数的顺序书写。使用关键字参数的方法，即使函数定义了多个参数，在调用时打乱顺序，Python 解释器也可以正确利用关键字进行参数名与数值的匹配。

此外，定义函数时还可以给参数设置默认值，称为默认参数，例如用“y=3”替换 fun 函数定义式中的“y”，若调用时没有指定任何传入参数，函数将自动采用默认参数进行计算。

```
def fun3(x, y=3):
    z = y - x
    return z

print(fun3(2))
'''
程序运行输出结果:
1
'''
```

**实践活动**

**判断质数的函数**

代码清单 1-5-1 展示了判断一个数 n 是否为质数的代码。

代码清单 1-5-1　判断 n 是否为质数

```
def is_prime_number(n):
    if n > 1:
        for i in range(2, n):
            if n % i == 0:
                print(n, "不是质数")
                break
        else:
            print(n, "是质数")
    else:
        print(n, "不是质数")
```

尝试编写程序调用函数,判断某个数是否为质数,如果是质数则返回 True,否则返回 False。

**阅读拓展**

**变量的作用域**

在上面几个例子中还有一点值得注意:函数中为了计算方便常常会定义新的变量。定义于函数内的变量称为局部变量,它们只能在函数内部被访问,这些变量只在函数体内有意义。局部变量的作用域称为局部作用域。相应地,定义于函数外的变量常称为全局变量,它们的作用域称为全局作用域。

观察代码清单 1-5-2 中的程序,体会变量作用域的概念。

代码清单 1-5-2　变量的作用域

```
def fun(x):
    print(x)
    y = x + 1
    return y

x = 0
print(x)
y = fun(5)
'''
程序运行输出结果:
0
5
'''
```

代码清单 1-5-2 中定义的函数中，变量 x 是一个局部变量，只在函数体内有意义，它的作用域仅限于函数内部，属于局部作用域。第 6 行代码中，存在另外一个 x(这个 x 与函数定义中的 x 不是同一个变量，就如同某个学校两个班级中都有位同学叫“铭铭”。虽然名称相同，但是指代的不是同一个事物)，这个 x 是一个全局变量，它的作用域在全局有效。第 8 行 y = fun(5)这行代码完成了函数的调用，此时 5 被传入 fun 函数中，具体过程如图 1-5-3 所示。

**编程语句正式格式(参考)如下:**

```
x = 0
print(x)
y = fun(5)

def fun(x):
    print(x)     作用域
    y = x + 1
    return y
```

```
01 def fun(x):
02     print(x)
03     y = x + 1
04     return y
05 x = 0
06 print(x)
07 y = fun(5)
```

图 1-5-3　变量的作用域

### 1.5.2 模块的导入和使用

编写程序时，常常需要编写一些很常用的功能，比如生成随机数。为了降低程序编写的复杂度，避免大家编写重复功能的程序而浪费时间，Python 提供了非常丰富的模块供程序员使用。部分模块是 Python 内置的，部分是第三方开发者编写之后开源分享的。细心的同学已经发现，在代码清单 1-1-1 中的“猜数游戏”Python 程序中导入了“random 模块”。应用“random 模块”中的方法生成随机数，大大提高了编程的效率（无需自己编写生成随机数的程序）。

在 Python 中，模块的导入通过“import”关键字来实现。比如，“math 模块”中包含一个计算余弦值的函数——cos()函数。通过引用“math 模块”，可以调用 cos()函数来计算 cos(0)。导入模块一般会写在 Python 程序的最上方，具体如下：

```
import math

y = math.cos(0)
print(y)
'''
程序运行输出结果：
1.0
'''
```

通过“import ... as ...”语句，还可以给导入的模块自定义一个名字。比如下面的例子中，“math”模块被重命名为“m”：

```
import math as m

y = m.cos(0)
```

也可以通过“from ... import ...”语句导入模块中的特定函数。比如下面的例子中，就只导入了“math 模块”中的 cos 函数：

```
from math import cos
y = cos(0)
```

请仔细观察在上面这三种导入方式中调用 cos()函数时的差异。注意模块的调用一定要与导入的命名相匹配。

阅读拓展

**Python 常用的模块**

random 模块，用于产生随机数，模块中包含的常用函数有：

```
random.random()   # 产生0-1的随机浮点数
random.randint(a, b)   # 产生范围在[a,b]之间的随机整数
random.shuffle(seq)   # 打乱一个序列seq
random.sample(seq, n)   # 从序列seq中随机抽取n个样例
```

time 模块，用于处理系统时间。time 模块中的 time( )函数可以获取时间戳，常常用于计算程序运行时间。代码清单 1－5－3 展示了一个用 time 模块计时的例子。

代码清单 1－5－3　使用 time( )函数计时程序

```
import time

def fun():
    sum = 0
    for i in range(10000):
        sum += i
    return sum


start = time.time()
fun()
end = time.time()
print("程序运行了", end - start, "秒")
```

datetime 模块，主要用于处理日期和时间，在程序中，经常会使用 datetime

模块中的 datetime.now( )函数用于输出日志信息。datetime 中一些常用的函数代码如下：

```
import datetime

print("现在的日期和时间是：", datetime.datetime.now())
print("今年是", datetime.datetime.now().year, "年")
print("现在", datetime.datetime.now().hour, "点钟")
```

math 模块，提供了很多常用的数学函数。比如有：

```
import math

print(math.sin(90)) #计算90的正弦值（90为弧度）
print(math.exp(3)) #计算e（自然常数）的3次方
print(math.log(10)) #计算10的自然对数
print(math.sqrt(4)) #计算4的平方根
print(math.pow(3, 2)) #计算3的2次方
print(math.pi)   #圆周率（注意这里pi是一个对象而不是函数，不需要加括号）
```

**实践活动**

### 练习模块的使用

产生两个 100 以内的随机整数，并计算以这两个数值为直角边的直角三角形斜边的边长。

**阅读拓展**

### Python 语言的书写格式

至此，你已经学习了 Python 中大部分的基础语法。如同作文写作时会有一定的格式要求一样，Python 语言也有一些书写格式规范，下面是一些基本的书写格式，如图 1-5-4 所示。

```
01 # 计算从0到9的和          注释
02 num = 0 # 应用赋值运算符对变量进行赋值
03 for i in range(10): # 循环结构
缩进    print(i)  ↵ 换行
05     num = num + i  # 变量num加i后赋值给变量num
06 print("0到9的和是:", num)
```

图 1-5-4　基本书写格式示例

（1）缩进：4 个空格的缩进是 Python 语法中重要的一部分，用于控制代码的层级，常用于条件语句、循环语句的使用，以及类与函数的定义。

（2）换行：Python 中不使用“;”区分语句，因此一行至多书写一个语句；为了显示清晰，每行代码不宜过长，一个语句可占据多行。

（3）注释：Python 注释以“# ”为关键字起始，并空一格开始书写注释内容，如“# your annotation”，可以单独作为一行，称为块注释；也可于同一行内在程序语句的后方书写，称为行注释。行注释的“# ”一般在语句后方空两格。

Python 语言中还有许多其他约定俗成的标准规范，同学们多加留意学习，逐渐养成良好的编程习惯。

**阅读拓展**

## Python 中的异常处理

在使用各种编程语言进行工作和学习的过程中，都会有一些错误异常，这些错误会以不同的方式表现出来。Python 的错误异常在大部分 IDE 编辑器中都可以直接显示出来，便于开发人员的调试及修改工作，对初学者也比较友好。

Python 中包含错误和异常两种情况。常见的错误主要是语法错误

SyntaxError。Python中的另外一种错误提醒叫做异常，指的是在语法和表达式上并没有错误，但是运行时会发生错误的情况。

Python中，语法错误会直接显示在终端窗口；而对于异常来说，可以进行错误提示，也可以进行捕捉处理。执行程序时，异常报错提示可能会影响到输出结果的显示，此时可以使用“try....except.....finally”进行异常处理。在有可能出错的代码前面加上try，捕获到错误后，在except下处理；finally部分的程序无论会不会捕获错误都会被执行，而且不是必须的。

以猜数游戏的程序为例，程序中存在发生异常的可能。比如，在猜数时，如果输入的数不是整数，而是小数或者字符，那么这个猜数程序将无法运行。为了使这个程序更完善，可以引入“try....except.....”异常处理机制，应用后的程序如代码清单1-5-4所示。

代表清单1-5-4 “猜数游戏”Python程序

```
import random

def caishu():
    num = random.randint(1, 100)
    count = 0
    print("系统将在1-100之间随机生成一个整数，以最少的次数将其猜中吧!")

    while True:
        try:
            guess = int(input("请输入一个整数: "))
            count += 1
        except:
            print("输入错误! ")
            continue
        if num == guess:
            print("恭喜您，猜对了! ")
            break
        if num < guess:
            print("您猜高了，再猜一次吧! ")
        if num > guess:
            print("您猜低了，再猜一次吧! ")
    print("您一共猜了%d次" % (count))

if __name__ == '__main__':
    caishu()
```

**项目实施**

**实现"猜质数小游戏"**

**一、项目活动**

编写程序实现"猜质数小游戏"，随机生成一个 0—1000 内的质数，玩家开始对这个数字进行猜测，初始得分为 0 分，猜中得 10 分，未猜中扣 1 分。玩家猜中结果时，输出最终得分与每一轮猜测的数字。

**二、项目检查**

灵活使用已学知识实现随机生成质数，并且合理设计每轮游戏后的积分。对程序进行测试保障游戏能够稳定运行。

**练习与提升**

输出所有的水仙花数。水仙花数是一个 3 位数，各位置上数字的 3 次幂之和等于它本身，例如：$1^3+5^3+3^3=153$。（提示：使用循环结构配合水仙花数判断函数）

# *1.6　Python 类与对象

**学习目标**

- 知道"面向对象"以及 Python 语言"一切皆对象"的含义；
- 理解类成员中的属性与方法；
- 掌握类的定义与使用方法，以及类中常用的特殊方法。

**体验与探索**

猜数游戏丰富了课余生活，铭铭发现猜数游戏中猜数的范围是固定的，而且游戏不能保存不同玩家的信息。如果每次开启猜数游戏时，可以自定义猜数范围，同时游戏又能记录不同玩家的信息，比如玩家姓名等，如图1-6-1所示。这样改进后的猜数游戏就变得更加好玩。

游戏过程中，玩家输入姓名进入游戏，游戏能够保存玩家信息；
进入游戏后，玩家输入自定义的猜数范围，开始猜数游戏。

输入猜数范围　输入玩家姓名

玩家A　玩家B　猜数游戏

图1-6-1　可以保存玩家信息且自定义范围的猜数游戏

**思考**　1. 试分析，如何实现自定义猜数游戏的猜数范围？

2. 你希望猜数游戏可以记录哪些玩家信息？如何编写程序实现呢？

## 1.6.1　Python中的对象

对于猜数游戏而言，不同的游戏玩家属于不同对象，他们会有自己的游戏记录和游戏操作。如何理解对象呢？比如，球是一个对象，它有颜色、大小、重量等特征，对于球这个对象而言，存在一系列针对球的操作，比如踢球、拍球、投球等。

Python 中的对象同样拥有特征和操作方法，通常将对象的特征称为属性，将操作对象的方法称为方法。对于一个对象而言，属性就是关于对象的特征信息，通常使用不同的变量代表不同的属性；方法就是针对对象可以进行的操作，调用这个操作可以完成固定的事情，对象中的方法就是对象中的函数。因此可以认为对象中包含属性和方法。如图 1－6－2 所示，图中展示了球这个对象的部分属性和方法。

图 1－6－2　球的部分属性和方法

实际上，对象这个名词在本书中已经反复出现过。比如，列表和字典都是一种元素的集合，可以存储任意类型对象。Python 是一门面向对象的语言，遵循着“一切皆对象”的原则。Python 中的变量就是一个对象，变量有对应的数据类型(数字型、字符型等)。1、2、3 等数字就是数字对象，"abc"等就是字符对象，这些都是 Python 中提供的对象。此外，在 Python 中还可以自己创建对象，Python 中的类和函数也是对象。

对象通常满足以下四个条件：

- 能够直接赋值给一个变量；
- 可以添加到集合对象中；
- 能作为函数参数进行传递；
- 可以作为函数返回值。

面向对象体现了一种解决问题的思想：把对象作为程序的核心单元，对象拥有属于自己的属性和方法。对象之间可以互相传递消息，并调用自己特有的方法，从而完成一个程序功能。

每一个对象都由标识符、类型和值组成。标识符确定了对象在内存中的唯一地址；类型限制了对象的取值范围和特定操作；而值则表示了对象所储存的具体信息。

上面提到的类型指的是一个具有相同属性和方法的抽象集合，它定义了集合中的对象所共用的属性和方法。比如足球、篮球、棒球这三个对象都具备颜色、大小、重量等属性，也都可以进行踢球、拍球、投球等动作。因此每一个对象都是某个类别的具体存在，被称为类的“实例”，实际上类本身也是一个特殊的对象。

实践活动

**对象的举例**

列举生活中你认为可以算作对象的实例，试着用思维导图的形式，分别列出对象的不同属性和方法。

### 1.6.2 Python 中的类

类别是生活中很常见的现象，物种、家具、电视节目等都属于不同的类。Python 中的对象也可以被分类，比如当不同的对象具有相似的数据结构和数据处理方法时，这些特征和方法就可以被归纳出来成为一个抽象的整体，称为类。

假设制作一个弹球游戏，游戏中有三个不同颜色大小的球和一个球拍。为了实现这个游戏可以创建两个类：球类和球拍类。通过球类可以创建三个不同颜色和大小的球，根据球拍类可以创建一个指定颜色大小的球拍。这里的球类就相当于一个模子，它可以调整颜色、大小和显示位置，利用它可以生成各种各样的球。同理，对猜数游戏的改进也可以用类的方法来实现，创建一个类，通过类可以实例化不同的玩家信息、猜数范围，同时类中包含猜数时的具体处理方法。

（1）类的创建

类的创建需要使用关键字“class”。关键字之后是空格，紧接着是类名，并以“:”结尾，具体如下：

```
class ClassName:   #ClassName代表类的名称
    # 类中的Python语句
    <class_suite>
```

其中 class_suite 区域，可以定义这个类下的各种属性与方法，一般由一些变量与函数组成。

对于猜数游戏来说，每一个使用猜数游戏的玩家都是一个对象，针对每一个玩家对象，需要定义玩家的姓名，当每轮猜数出错时，输出为“XX 您猜高(低)了，再猜一次吧”；同时每次游戏过程还包括自定义猜数范围以及猜数逻辑的实现过程等。因此，猜数游戏类的 class_suite 区域需要包括玩家信息、猜数范围和猜数方法的实现逻辑等内容。猜数游戏类的大致框架详见代码清单 1-6-1。

代码清单 1-6-1　猜数游戏类的框架

```
class Caishu():
    played_count = 0
    def __init__(self, name, guess_min_number, guess_max_number):
        self.name = name
        Caishu.played_count += 1
        self.__guess_min_number = guess_min_number
        self.__guess_max_number = guess_max_number

    def game_process(self):
        print('游戏进行参数验证处理的方法')
```

其中__init__(self，name，guess_min_number，guess_max_number)函数部分包括了玩家姓名和猜数范围；game_process(self)函数部分包括了猜数的实现逻辑内容。

(2) 类的实例化

对类的实例化类似于函数的调用，如有参数的话也需要传递参数。以Caishu类为例，介绍类实例化的过程。Caishu类中有一个名为__init__()的函数，它是类中的一个特定的方法，当类被实例化为对象时，就会运行__init__()这个函数。可以向__init__()中传递参数，这样创建实例对象时，就把对象的属性设置为了你希望的值。比如：

```
caishu_1 = Caishu("Mingming", 1, 10)
```

创建Caishu类的实例caishu_1时，传递的参数为"Mingming, 1, 10"，分别代表name = Mingming，__guess_min_number = 1，__guess_max_number = 10。

(3) 类的属性

类的属性是指类的数据成员，包括类属性和实例属性。前者是在创建类时就创建的变量，为所有实例化对象所共用，在内存中只有一个副本；而后者是在各实例中创建的，属于实例自身的属性且彼此之间相互独立，每个对象都为其单独开辟一份内存空间。

在Caishu类中，played_count是一个类属性，name是一个实例属性。played_count属性在最初创建类时被初始化为0，此后每次实例化都会导致played_count值加1，每一个实例化后的对象都可以使用被改变后的played_count值。

需要注意的是，类属性可以被类对象(Caishu)或实例对象(caishu_1)访问，但只能通过类对象修改。如果使用实例对象对它进行修改的话，只会创建一个与类属性同名的实例属性，而不会改变类属性的实际值，如代码清单 1－6－2 所示。

代码清单 1－6－2　猜数类属性的修改与访问

```
caishu_1 = Caishu("Mingming", 1, 10)  # 实例化一个Caishu类，赋给caishu_1
print(Caishu.played_count)  # 输出此时的类属性played_count的值
caishu_2 = Caishu("Xiaohong", 1, 10)  # 再实例化一个Caishu类，赋给caishu_2
print(Caishu.played_count)  # 输出此时的类属性played_count的值
caishu_1.played_count = 3  # 给caishu_1的played_count属性赋值为3
#  输出最后实例对象caishu_1、caishu_2以及类的played_count属性的值
print(caishu_1.played_count, caishu_2.played_count,
Caishu.played_count)
'''
程序运行输出结果：
1
2
3 2 2
'''
```

这里设计 played_count 这个类属性可以记录 Caishu 类一共被实例化的次数，可以代表游戏被玩的次数。

此外，注意到“__guess_min_number”和“__guess_max_number”属性前有两个下划线，这表示它是一个私有属性，在类外无法直接使用，类内的方法可以使用，比如 game_process()方法可以使用这两个私有属性。

（4）类的方法

方法是指在类里定义的函数，前面例子中的“__init__(self, name, guess_min_number, guess_max_number)”和“game_process(self)”都是类的方法。在类中定义的函数的第一个参数一定要是 self，代表类当前的实例化对象，但在调用时，不需要传递这个参数。类的方法可以通过类对象或实例对象调用。Caishu 类中 game_process(self)方法如代码清单 1－6－3 所示。

代码清单 1-6-3　game_process(self)方法程序

```
def game_process(self):
    secret_number = random.randint(
        self.__guess_min_number, self.__guess_max_number)
    print("系统将在%d和%d之间随机生成一个整数，以最少的次数将其猜中吧！" %
          (self.__guess_min_number, self.__guess_max_number))
    while True:
        guess_number = int(input("请输入一个整数："))
        if secret_number == guess_number:
            print(self.name, "恭喜您，猜对了！")
            break
        if secret_number < guess_number:
            print(self.name, "您猜高了，再猜一次吧！")
        if secret_number > guess_number:
            print(self.name, "您猜低了，再猜一次吧！")
```

Caishu 类 game_process()方法被实例对象调用如下：

```
caishu_1.game_process()
```

与在属性前加两个下划线表示私有属性类似，在函数名称前加双下划线，这个方法就成为了私有方法，私有方法无法被外部直接调用，这样的操作可以保障信息处理的安全。

阅读拓展

**类中的内置方法**

除了自定义方法外，类还有一些内置的特殊方法，如表 1-6-1 所示。

表 1-6-1　类中特殊的内置方法

| 函数 | 描　述 |
| --- | --- |
| _init_ | 构造函数，在生成对象时调用。 |
| _str_ | 返回字符串表示形式，打印对象时优先调用。 |
| _repr_ | 返回字符串表示形式，命令行直接输出或打印对象时调用。 |
| _dict_ | 以字典的形式列出类或对象中的所有成员。 |
| _call_ | 让创建的实例可以当作函数调用。 |

实践活动

**体验并修改 Caishu 类**

上文中 Caishu( )类的__init__( )方法中传入了三个参数，试着改写__init__( )方法，使得类在实例化时，只需要传入姓名 name 一个参数，另外两个参数，被猜测数字的最小边界及最大边界，改写为键盘键入的形式进行输入。你可以参考 input( )函数的具体用法：

```
number = int(input("请输入猜数的最大整数值: "))
print(number)
```

阅读拓展

**面向对象的基本特征**

面向对象有三个基本特征，分别是封装、继承和多态。

封装是把具体对象的共同属性和功能提取出来，形成一个抽象的整体，一些数据和方法还可以被规定为私有的，不可以被外界访问，由此为对象的内部数据提供了不同级别的保护。

继承的思想类似于“子承父业”，现实生活中，人们可以在父母那里继承一些东西。与此类似，在程序设计中同样设置了继承的思想。子类(派生类)可以继承父类(基类)的属性和方法，通过继承无需重新编写代码，大大提高了代码复用率。比如正多边形是一个父类，拥有“计算图形周长”的方法，方法执行的具体操作为边长乘以边数；正三角形、正方形等均为正多边形的一个子类，子类继承了父类“计算图形周长”的方法而避免了重复编写类似代码，大大提高了代码复用率。

多态是指对于不同的类，可以有同名的多个方法，这些方法可以实现不同的操作。同时，子类可以在父类的功能上进行重写，从而使得不同的子类调用相同的方法时可以产生不同的执行效果。比如正多边形是一个父类，拥有“计算图形面积”的方法；正三角形、正方形等均为正多边形的一个子类，子类继承父类的“计算图形面积”的方法，但是在子类中可以对这个方法进行修改，分别实现不同的运算得到图形的面积。

## 项目实施

### 实现猜数类的封装

**一、项目活动**

设计并完善 Caishu 类，使得 Caishu 类可以记录每一个游戏玩家的姓名，并通过键盘输入玩家进行游戏时期望猜测数字的最小值和最大值。完善 game_process( )方法，使得每一轮猜测时的提示信息带有玩家 name 信息，游戏成功时，可以输出玩家一共猜测的次数以及每一轮猜测的数字。尝试在最终输出游戏结果时同时输出当前游戏是有史以来第几轮游戏。

**二、项目检查**

编写程序将 Caishu 类封装成一个完整的模块，完成相关功能开发，对程序进行测试保障游戏能够稳定运行。

## 练习与提升

说明面向过程与面向对象的编程思想之间有哪些区别。

# 1.7　人工智能小故事

## 人工智能技术打造在线冬奥，助力体育强国

体育强则国强，而科技让体育更美好。在 2022 年北京冬奥会中，人工智能技术助力“科技冬奥”，打破时间和空间的限制，将比赛赛况通过数字化、虚拟化等方式，转化为观众易于理解的互动形式，用非凡的观赛体验，拉近线上大众和体育赛场之间的距离，助力冬奥会“带动三亿人参与冰雪运动”的目标提前实现。

在冬奥赛事播报方面，央视新闻推出了一位特殊报道员——央视新闻 AI 手语主播，她不仅能报道冬奥新闻，还能进行准确及时地赛事手语直播。该 AI 手语主播依靠语音识别、自然语音理解等技术作为驱动的手语翻译引擎和自然动作引擎，具备了手语表达能力和精确连贯的手语表达效果。其掌握的手语词汇规范，都来自《国家通用手语词典》标准，通过长时间的智能学习，该手语主播能够为观众朋友提供专业、准确的手语解说。从北京冬奥会开始，这位新主播将全年无休，用“AI”智慧为听障朋友提供手语服务，让他们能够便捷地获取比赛资讯，更酣畅淋漓地感受冰雪运动的激情与荣耀。

在赛事观看方面，国家游泳中心牵头的“冰壶赛况的智能感知与虚实融合技术和平台研究”课题项目，不但可以帮助普通观众更好地理解冰壶运动规则和当前赛况，还可以帮助专业观众和解说员分析运动员的当前状态、投壶技战术等情况。

以北京冬奥会为引领，推动体育强国与健康中国建设，这是时代赋予中国的发展机遇，而通过科技让参与冬奥会的观众更好地

体验冰雪运动的魅力，从而推动冰雪运动的发展，正是本次奥运会的特殊之处和应有之意。

在科技部科技冬奥专项支持下，通过人工智能技术、增强现实技术的应用，不仅提高了奥运会的数字化、智能化水平，还让运动员和普通观众在紧张激烈的赛事期间体验了“科技冬奥”理念下科技创新所展现的趣味性和与众不同，充分绽放了“科技冬奥”的无穷魅力。

# 总结与评价

**1. 下图展示了本章的核心概念与关键能力，请同学们对照图中的内容进行总结。**

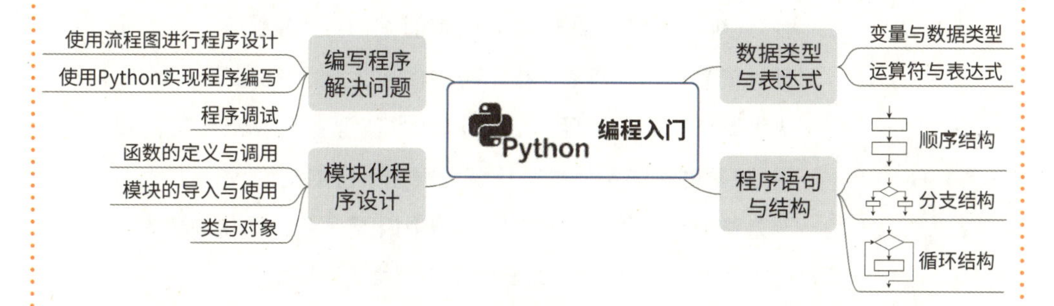


**2. 根据自己的掌握情况填写下表。**

| 学习内容 | 掌握程度 |
|---|---|
| 变量与常量的概念 | □不了解　□了解　□理解 |
| 数字、字符串、布尔类型 | □不了解　□了解　□理解 |
| 运算符与表达式 | □不了解　□了解　□理解 |
| 列表与字典类型 | □不了解　□了解　□理解 |
| 顺序结构 | □不了解　□了解　□理解 |
| 分支结构 | □不了解　□了解　□理解 |
| 循环结构 | □不了解　□了解　□理解 |
| 函数的定义与调用 | □不了解　□了解　□理解 |
| 模块的导入与调用 | □不了解　□了解　□理解 |
| 类与对象 | □不了解　□了解　□理解 |

# 第2章 算法初探

城市治理是一个复杂而多元的“巨系统”，上海市政府日常管理人口3000万，服务270多万个市场主体，涉及的元素成千上万，无所不包。要让这个系统高效、安全、有序地运转，仅靠人力和传统互联网技术远远不够，目前上海市的城市治理开始引入了人工智能的力量。在上海江苏路街道，城市治理已经形成自动化闭环，依次为自动发现、立案、智能派单、处置、自动核查、结案六大环节。人工智能技术应用到城市治理的发现和核查环节，不仅能帮助城市管理者发现问题，还能在案件被处置后的规定时间内，利用摄像头对发生地点的事件再次检测，若无问题即可上报平台完成结案，极大地降本增效。利用人工智能技术实现智能城市治理的背后，依靠的是复杂的城市级开放视觉平台的支撑，它可扩展至十万路级别视图源、千亿级别非结构化特征和结构化信息融合处理与分析，支持多样化场景算法。这就是算法的奇妙之处。

如今，算法已经深入到生活的方方面面，智能设备也已经成为生活中不可或缺的工具，它们之所以能够帮助人们处理各种复杂的事情，主要是各类算法在背后的支撑。

在本章的学习中，我们将以“设计算法估体质”为主题进行学习，尝试设计算法解决实际问题，探索算法原理，感受算法之美，为后续人工智能技术的深入研究打下坚实的基础。

## 主题学习项目：设计算法估体质

**项目目标**

体质健康测试是国家为了鼓励青少年积极参加体育锻炼，养成良好的习惯而设置的测试。《国家学生体质健康标准》是国家对不同年龄段学生体质健康方面的基本要求。本章围绕“设计算法估体质”开展项目学习，根据体质健康测试数据，探讨评估各项测试达标情况的算法策略和编程实现方式。

1. 围绕项目主题，了解解决问题的过程，设计算法方案解决具体问题。

2. 掌握各类常见算法，能够针对具体问题，进行算法设计并通过编程实现简单问题的求解。

3. 通过解决实际问题，掌握使用计算机设计算法解决问题的方法，并能进行知识迁移，解决其他问题。

**项目准备**

为了完成本章节的项目，需要做如下准备：

1. 寻找一名同伴，在学习的过程中通过互助合作设计算法，完成任务。

2. 调查了解高一年级体质健康测试项目及达标标准，为后续学习做储备。

3. 为“设计算法估体质”主题内容学习准备实验环境。

项目过程

**在学习本章内容的同时开展项目活动。为了保证项目顺利完成，要在以下各阶段检查项目进度：**

1. 完成主题任务分析，设计算法解决问题。
2. 设计算法，找出 BMI 指数偏低的学生。
3. 设计算法，针对 BMI 指数进行升序排序。
4. 设计算法，查找 BMI 指数偏低的男生数量。
5. 运用递归的思想对 BMI 指数进行排序。
6. 学习应用迭代算法解决实际问题。

项目总结

完成“设计算法估体质”项目的系列任务，针对学习成果进行展示交流与评价。初步掌握设计算法解决实际问题的基本方法，理解程序设计中算法的核心思想，并能进行知识迁移解决其他实际问题。

# 2.1　算法的基本知识

### 学习目标

- 掌握算法的概念及五大特性，并能根据具体算法描述算法的五大特性；
- 掌握简单问题算法的设计思路与代码实现的过程。

### 体验与探索

**算法是什么？**

为了保持身体健康，铭铭每天都坚持运动。某学期，铭铭在学校的体质健康测试记录单公布后，想查找自己的体测数据。体质健康测试记录单如图 2-1-1 所示。

| 姓名 | 性别 | 身高(cm) | 体重(kg) | 肺活量(ml) | 50米跑(s) | 立定跳远(cm) |
|---|---|---|---|---|---|---|
| 赵德泽 | 男 | 167 | 70 | 2863 | 8.9 | 175 |
| 孙海阳 | 男 | 164.8 | 52.7 | 3544 | 8.8 | 185 |
| 李小红 | 女 | 157 | 45.9 | 2257 | 9.5 | 155 |
| 郑兰兰 | 女 | 166.2 | 54.3 | 2728 | 8.3 | 170 |
| 王翰 | 男 | 142 | 38.3 | 1751 | 9.2 | 140 |
| 陈诗涵 | 女 | 156.7 | 59 | 2754 | 9.1 | 140 |
| 铭铭 | 男 | 160 | 51 | 2781 | 9.5 | 150 |
| 祁鑫 | 男 | 155.8 | 47.2 | 2315 | 8.1 | 170 |

图 2-1-1　体质健康测试记录单

**思考**　1. 试分析，如何在体质健康测试记录单中查找一个人的体测数据？

2. 体质健康测试包含多个项目，如何快速找到所关注项目的测试数据？

### 2.1.1 什么是算法

体质健康测试是针对在校学生身体素质的一项考核，某次体测后的测试记录如图 2－1－1 所示，现在希望在表格中找到铭铭各个项目的体测数据。显然，最简单的方法，就是在表格中的姓名列开始逐行查找，直到找到要查找的姓名，获取测试数据，查找结束；或者查完整个表都没有找到要查找的姓名，查找结束。在记录表中寻找铭铭的体测数据的方法，如图 2－1－2 所示。

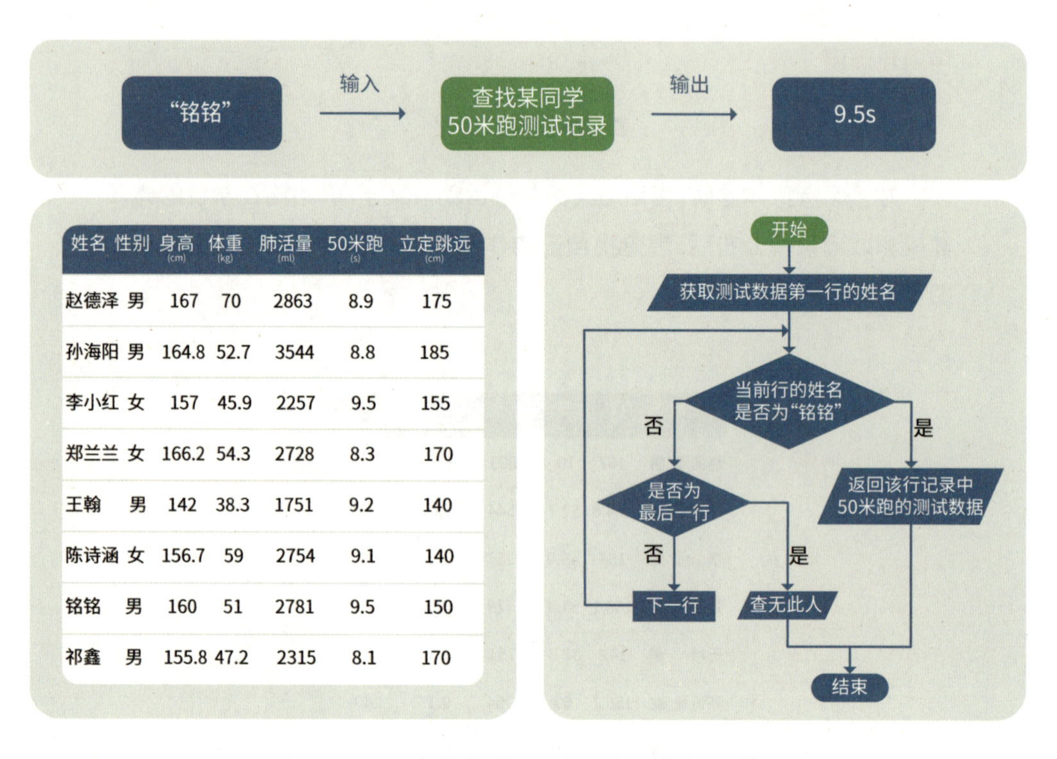


| 姓名 | 性别 | 身高 (cm) | 体重 (kg) | 肺活量 (ml) | 50米跑 (s) | 立定跳远 (cm) |
|---|---|---|---|---|---|---|
| 赵德泽 | 男 | 167 | 70 | 2863 | 8.9 | 175 |
| 孙海阳 | 男 | 164.8 | 52.7 | 3544 | 8.8 | 185 |
| 李小红 | 女 | 157 | 45.9 | 2257 | 9.5 | 155 |
| 郑兰兰 | 女 | 166.2 | 54.3 | 2728 | 8.3 | 170 |
| 王翰 | 男 | 142 | 38.3 | 1751 | 9.2 | 140 |
| 陈诗涵 | 女 | 156.7 | 59 | 2754 | 9.1 | 140 |
| 铭铭 | 男 | 160 | 51 | 2781 | 9.5 | 150 |
| 祁鑫 | 男 | 155.8 | 47.2 | 2315 | 8.1 | 170 |

图 2－1－2　查找铭铭 50 米跑体测数据的算法

刚刚文字描述的寻找铭铭体测数据的方法，就是算法。具体来说，算法是对解决问题方法的准确且完整的描述，是一系列解决问题的清晰指令。对于程序设计而言，任何代码片段都可视为算法，算法具有以下 5 个重要特性：

(1) 输入(Input)：表示运算对象的初始状态。有 0 个或者多个输入，其中 0 个输入的情况是指算法本身已给定初始状态。

(2) 输出(Output)：反映对输入的运算对象进行数据处理、运算的结果。有 1 个或者多个输出，注意没有输出的算法是无意义的。

(3) 有穷性(Finiteness)：当给定任何合法的输入项时，算法必须在执行有穷步骤后终止，且其中每一步都在有穷时间内完成。

(4) 确定性(Definiteness)：当给定相同的输入项时，通过该算法只能得到相同的输出项，且该算法的每一条指令或步骤都有明确的定义，不会产生二义性。

(5) 可行性(Effectiveness)：算法的每一步都能在满足有穷性下完成，即保证每一步都是可被分解为基本的可执行的操作。

对于图 2－1－2 中的算法，输入为姓名，输出是“某学生 50 米跑的体测数据”或者“查无此人”，该算法的输入输出如表 2－1－1 所示。

表 2－1－1 查找 50 米跑体测数据算法的输入输出

| 算法输入 | 算法输出 |
| --- | --- |
| 铭铭 | 9.5 |
| 孙海阳 | 8.8 |
| 晓红 | 查无此人 |

从上表可以发现，对于任意一个输入，该算法必有一个输出，即使这个姓名在数据表中并不存在，算法也需要能够处理这样的情况给出一个合理的输出。此外该算法同样满足“有穷性”“确定性”和“可行性”，如表 2－1－2 所示。

表 2-1-2　查找 50 米跑体测数据算法的五大特性

| 算法特性 | 对应描述 |
| --- | --- |
| 输入项 | 学生姓名，例如“铭铭”。 |
| 输出项 | 50 米跑体测数据，例如“9.5”。 |
| 有穷性 | 算法会在有穷时间内结束，给出相应的输出项。 |
| 确定性 | 输入“铭铭”，每次输出结果相同。 |
| 可行性 | 算法已经满足了每一步都能被分解为可执行的操作，例如可以通过 for 循环来查找并对比姓名，提取相应项目的体测数据。 |

**实践活动**

**找出算法的五个特性**

现有一串数字[11, 35, 23, 89, 64, 75, 47]，需要找到这串数字中最大的数和最小的数。请尝试以程序流程图的形式描述解决该问题的算法，并根据算法的五大特性思考：

(1) 你设计的算法有多少个输入，多少个输出？

(2) 你设计的算法可以在多少步内完成？

(3) 你设计的这个算法满足有穷性、确定性和可行性吗？

因此，算法是用系统的方法来描述待解决问题的策略机制，即给定一类问题，能根据一定规范的初始状态和初始条件，在有限时间或者有限操作内得到具有确定性与可行性的输出，并终止于最终的结束状态。

**阅读拓展**

**算法的发展史**

“算法”一词可以追溯到九世纪，当时波斯数学家花拉子米(al-Khwarizmi)

在数学上提出了算法这一概念，类指数学中的一系列运算法则。因其拉丁语名为 Algorizmi 而被人们沿用。后来这一词在十八世纪时演变为现在的“Algorithm”。在十九世纪，一些数学家和逻辑学家在定义算法上遇到了难题，到了二十世纪，英国的数学家图灵提出了著名的图灵论题，并提出了一种假想的计算机的抽象模型，即将人们使用纸笔进行数学运算的过程抽象化，其基本思想是用机器来模拟人们用纸笔进行数学运算的过程，这个抽象计算模型被称为图灵机。图灵机的提出解决了算法定义难的问题，并且图灵提出的这一类思想对于后来算法的发展也起到了十分重要的作用。

我国古代经典的算法有：割圆术、秦九韶算法等。现代经典的算法有：快速排序法、动态规划、机器学习等。

## 2.1.2　算法设计与实现

生活中会遇到各种各样的“问题”，算法就是解决问题的具体方法。解决问题通常要在已知条件和可能结果之间寻求具体的途径与方法，并应用方法实现目标。一般来说，解决问题的过程需要经历一系列的思维活动与动手实践，解决问题的过程如图 2－1－3 所示。

图 2－1－3　解决问题的过程

算法描述可以采取多种方式，只要能够传达算法的核心思想并且易于大众理解即可。常见的描述算法的方法有自然语言、程序流程图、伪代码和代码描述。如图 2－1－4 所示，图中采用四种方法描述了“1 至 100 求和算法”。

各种描述方法对算法的描述能力存在一定的差异。例如，自然语言较

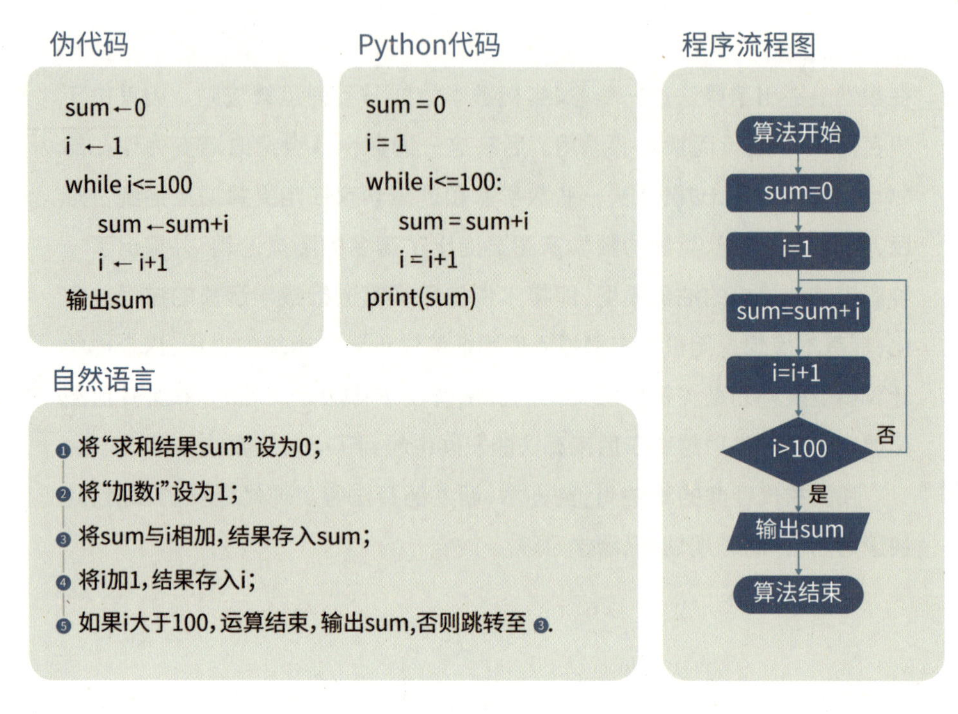


图 2-1-4　1 至 100 求和算法的四种描述方法

为灵活，适用于初学者，但往往不够严谨，需要较多文字和较大篇幅；而代码虽严谨，但由于语法等方面的规则，掌握起来较难，且灵活性略显不足。在初学算法阶段，可以暂时忽略代码的语法规则，使用程序流程图和伪代码描述算法。本章学习中，主要以程序流程图、Python 代码来描述算法。

**实践活动**

**对 1—100 求和**

高斯是一位著名的数学家，出生于德国，有“数学王子”之称。1787 年高斯 10 岁，他进入了学习数学的班次，这是一个首次创办的班，孩子们在这之前都没有听说过算术这门课程。某一天，数学老师给学生们出了一道算术题：将 1 到 100 这 100 个整数加起来，和是多少。这位数学老师刚刚叙述完题目，高斯就算出了正确答案。据传说，高斯使用了凑数法，即 1+100=101，2+99=101，……，这样的组合一共有 50 对，因此高斯快速得到了答案。这则故事在全世界广为流传。

1. 请同学们绘制程序流程图，描述直接求和与高斯求和两种算法。

2. 对比两个算法的程序流程图，说一说哪个算法的性能更高。

对比实践活动中直接求和与高斯求和两种算法，可以发现，高斯求和算法的计算次数更少。通常情况下，同一问题常常有多个满足五大基本特性的算法，那么应用哪个算法用于问题解决就显得十分重要。算法质量的好坏程度将会极大地影响算法以及程序的效率，通常设计一个“好”的算法应该从以下几个方面进行考虑：

（1）正确性：算法应当能够正确地解决问题。

（2）可读性：算法和程序应当具有良好的可读性，有利于人们理解。

（3）鲁棒性（健壮性）：当输入项存在干扰或者非法数据时，算法有较好的反应能力和处理能力，而不会产生偏差大的输出或错误的输出，同时算法不易崩溃。

（4）时间效率与空间存储量：满足以上条件后，区分算法优劣的重要标准是算法耗费的时间和空间资源。一般运行时间短，所占空间少的算法更优。

衡量一个算法的效率有两个基本概念，分别是算法的时间复杂度和空间复杂度。前者定性描述算法的运行时间，后者是对一个算法在运行过程中临时占用存储空间大小的量度。通常情况下，对算法的时间复杂度和空间复杂度要求都很高。比如，对于一个手机应用来说，如果超过 3 秒还没有加载出页面信息，那么就会认为这个应用服务很差；如果某个手机应用需要耗费大量的存储空间，那么在某些性能略差的手机上，这个应用运行时可能很不流畅，这是用户无法接受的。

阅读拓展

## 算法的时间复杂度与空间复杂度

### 时间复杂度

时间复杂度是计算算法运行所需时间程度的函数。时间复杂度被看作是渐近的，即考察输入值大小趋近无穷时的情况。时间复杂度常用大O符号表示(大O表示法)。表2-1-3展示了三个算法的时间复杂度。

表2-1-3　三个算法的时间复杂度

| | 算法a | 算法b | 算法c |
|---|---|---|---|
| 算法程序 | x = 1<br>sum = 0<br>sum = sum + x | x = 1<br>sum = 0<br>for i in range(n):<br>    sum += x<br>    x = x + 1 | x = 1<br>sum = 0<br>for i in range(n):<br>    for j in range(n):<br>        sum += x<br>        x = x + 1 |
| 运行次数 | 运行了1次 | 运行n次 | 运行了n*n次 |
| 时间复杂度 | O(1) | O(n) | $O(n^2)$ |

由表可知，时间复杂度并不是简单地表示一个程序运行时需要多长时间，而是当问题规模扩大到数百、数千倍后，程序运行时间增长得有多快。

### 空间复杂度

空间复杂度的计算与时间复杂度类似，定义为一个算法在运行过程中，临时占用存储空间大小的一个量度。空间复杂度也是问题规模n的函数。一个算法在计算机存储器上所占用的存储空间，包括存储算法本身所占用的存储空间，算法的输入输出数据所占用的存储空间和算法在运行过程中临时占用的存储空间。存储算法本身所占用的存储空间与算法的长短成正比，压缩这方面的存储空间，就必须尽可能地编写出较短的算法。算法输入输出数据所占用的存储空间是由要解决的问题决定的，是通过参数表由调用函数传递而来的，它不随算法的不同而改变。算法在运行过程中临时占用的存储空间与算法有关，通常不同的算法占据的这部分空间也不相同。常用的空间复杂度有 O(1)、O(n)、O($n^2$)，如表 2-1-4 所示。

表 2-1-4　三个算法的空间复杂度

| | 算法 c | 算法 d | 算法 e |
|---|---|---|---|
| 算法程序 | `x = 1`<br>`y = 2.51`<br>`z = x + y` | `x= []`<br>`for i in range(n):`<br>`    x.append(i)`<br>`print(x)` | `x= [[] for i in range(n)]`<br>`for i in range(n):`<br>`    for j in range(n):`<br>`        x[i].append(j)` |
| 空间复杂度 | O(1) | O(n) | O($n^2$) |

如果算法执行所需要的临时空间不随着某个变量的大小而变化，这种算法是“就地”进行的，其空间复杂度为 O(1)。例如，算法 c 中的 x、y、z 所分配的空间都不随着处理数据量变化，其空间复杂度为 O(1)。

算法 d 中定义了一个列表 x，长度随着数据量 n 的增加而线性增加，其空间复杂度为 O(n)。

算法 e 中定义了一个二维矩阵 x，其存储的每一维度都随着数据量 n 的增加而呈平方倍数增加，因此空间复杂度为 O($n^2$)。

## 项目实施

### 设计算法根据姓名和体测项目查找体测数据

#### 一、项目实施

部分学生的体测数据如表 2-1-5 所示，设计算法，输入姓名和体测项目，输出对应的体测数据，尝试使用程序流程图描述算法。

表 2-1-5　部分学生的体测数据

| | 肺活量/ml | 50 米跑/s | 立定跳远/cm |
|---|---|---|---|
| 李小红 | 2257 | 9.5 | 155 |
| 铭铭 | 2781 | 9.5 | 150 |
| 郑兰兰 | 2728 | 8.3 | 170 |

**二、项目检查**

设计解决问题的算法，并用流程图描述。

**提升与练习**

**数据求和**

1. 高斯求和的算法性能高于直接求和算法，试着使用两种算法计算 $1—10^9$ 求和，并观察两种方法的运行时间差异会有多少？
2. 说出上一个问题中高斯求和的算法满足算法的五大基本特性的理由。

# 2.2　解析算法与枚举算法

**学习目标**

- 掌握解析算法的基本概念，并能针对特定问题设计解析算法解决问题；
- 掌握枚举算法的基本概念，并能针对特定问题设计枚举算法解决问题；
- 能够根据实际的枚举算法，说出枚举算法求解的过程。

体验与探索

**生活中的算法**

某次体测后，铭铭通过观察体测数据，发现不同的测试项目优良的标准不同。比如，50 米跑的测试数据越小越好，而肺活量的测试数据则是越大越好。但是，对于身高与体重数据而言，数据的大小无法直接用于评估学生的体质健康情况。

身体质量指数，即 BMI 指数是根据身高、体重衡量人体胖瘦程度以及是否健康的一个标准。根据《国家学生体质健康标准》，高一学生 BMI 指数评分表如表 2-2-1 所示。

表 2-2-1　高一学生 BMI 指数评分表

| 性别 | 等级 | BMI 指数 | 得分 |
|---|---|---|---|
| 男生 | 正常 | 16.5—23.2 | 100 |
| | 低体重 | ≤16.4 | 80 |
| | 超重 | 23.3—26.3 | |
| | 肥胖 | ≥26.4 | 60 |
| 女生 | 正常 | 16.5—22.7 | 100 |
| | 低体重 | ≤16.4 | 80 |
| | 超重 | 22.8—25.3 | |
| | 肥胖 | ≥25.3 | 60 |

**思考**　1. 如何计算每一位学生的 BMI 指数？

2. 如何找到所有 BMI 指数“非正常”的学生，提醒他们加强锻炼？

## 2.2.1　用解析算法解决问题

身体质量指数，即 BMI 指数，有多种计算方法，本书采用的计算方法为：

$$BMI=\frac{体重}{身高^2}(体重/kg,身高/m)$$

根据这个计算公式，输入任何一个人的身高、体重，通过该公式可以计算得到 BMI 指数。实际上，类似这样，将一个具体问题背后的规律，通过数学表达式的形式归纳总结出来并进行求解的算法，称为解析算法。具体地说，解析算法是指用解析的方法，找出问题的输入与输出之间的数学表达式，并通过表达式求解问题。

解析算法在很多方面都有应用，比如，求 1 到 100 的和。对于这个问题，高斯巧妙地用凑数法进行求和，在极短时间内得到正确结果。高斯的算法可以总结成求和公式，具体为：

$$等差数列的和=\frac{(首项+末项)\times 项数}{2}$$

根据求和公式，将任意连续数字序列作为输入，通过该公式可以快速求得数列的和，得到输出项。获取连续数字求和的数学表达式之后，再处理类似问题，就可以直接使用表达式进行求解。比如，求解“913 到 1 329 的和”，直接调用数学表达式，输入待求和序列的首尾数字，即可快速得到结果。

应用解析算法解决问题的关键是设计合理的解析表达式。表达式，即由运算符和操作数所构成的序列，Python 中常用的表达式如表 2-2-2 所示。

表 2-2-2　表达式类型及示例

| 表达式类型 | 示例 |
| --- | --- |
| 赋值表达式 | A = [1, 3, 5, 7] |
| 关系表达式 | 15>10 |
| 数学表达式 | (C+B)/2 |
| 逻辑表达式 | A or B and C |

对于体质健康测试数据而言，根据《国家学生体质健康标准》，高一男生的 BMI 指数的“正常”标准范围是 16.5—23.2，过低或者过高都属于 BMI 指标不正常，BMI 指数有一定的临床意义。

**实践活动**

**计算各项体测数据得分**

请同学们依据本书之前介绍的 BMI 指数计算方式及表 2-2-1 中的规则，将铭铭身高、体重的体测数据转化为 BMI 指数，并转换为百分制得分。铭铭的体测数据可以使用字典的形式存储，具体为：“铭铭体测数据” = {“身高”:160, “体重”:51, “肺活量”:2781, “50 米跑”:9.5, “立定跳远”:150}，对应的数据如表 2-2-3 所示。

表 2-2-3　高一年级第一学期体质健康测试数据记录表

| 姓名 | 性别 | 身高/cm | 体重/kg | 肺活量/ml | 50 米跑/s | 立定跳远/cm |
|---|---|---|---|---|---|---|
| 铭铭 | 男 | 160 | 51 | 2781 | 9.5 | 150 |

1. 使用流程图描述解析算法；
2. 根据流程图编写程序，输出 BMI 指数及对应的得分。

## 2.2.2　用枚举算法解决问题

生活中的各类实际问题，如果能够找到一个解析表达式来表示问题，常常就可以利用表达式来求解问题。例如，根据 BMI 指数的解析表达式 $BMI=\frac{体重}{身高^2}$（体重/kg，身高/m），可以设计出一个解析算法。根据算法输入体重、身高，从而得到 BMI 指数。结合 BMI 指数评分表能够判断一名学生 BMI 指数等级，针对 BMI 指数不达标的学生，体育老师可以提供个性化的训练方案。

那么如何设计算法帮助体育老师统计学生中 BMI 指数偏高或偏低的学生人数(对于高一男生来说,就是指 BMI 小于 16.5 或者大于 23.2 的人数之和),成为了一个实际问题。显然,求解这个问题(统计所有学生中 BMI 指数偏高或偏低的人数),解析算法不再适用。对于这类问题,最简单的解决方式是检查每一个学生的 BMI 指数是否符合正常等级标准,如果不符合,将统计变量加 1,算法具体过程如图 2-2-1 所示。

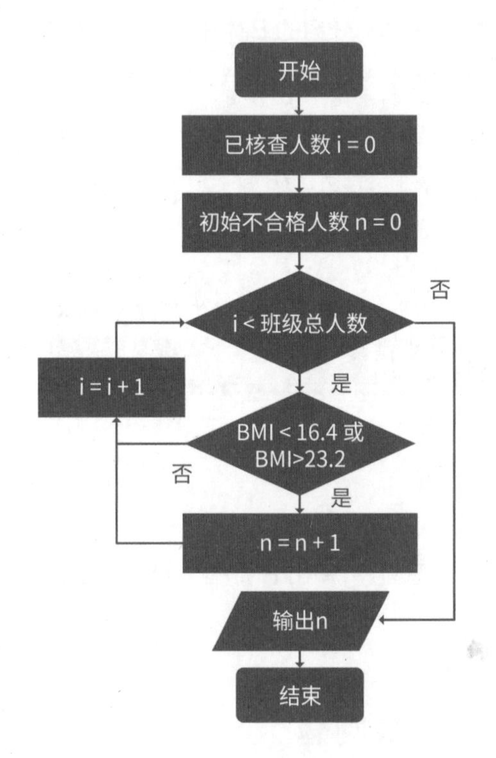


图 2-2-1　枚举算法统计班级 BMI 指数不达标人数流程图

类似这种,列举出所有情况并进行条件判断的算法,称为枚举算法。具体来说,枚举算法(也称穷举算法)是使用计算机解决具体问题时的一种盲目搜索的方法,在搜索结果的过程中,把各种可能的情况都考虑到,并对所得的结果逐一判断,过滤掉不合要求的,保留那些符合要求的算法。解析算法和枚举算法的主要区别是：解析算法有固定解；枚举算法因为条件个数少于未知数个数，需要一一列举，枚举算法也是暴力求解法的一种。

枚举算法是一种常用的策略，按问题本身的性质，一一列举出该问题所有可能的解，并在逐一列举的过程中，检验每个可能解是不是问题的真正解，若是，采纳这个解，否则抛弃它。在列举的过程中，既不能遗漏也不应重复。生活中有很多应用枚举算法的场景，比如，车间工人人工依次筛选零件是否合格。

使用枚举算法一般按照以下两个步骤进行：

(1) 确定问题的枚举对象、枚举范围以及正确解的判定条件；

(2) 根据枚举范围的特点来选择搜索策略，逐个检验枚举范围中的对象是否正确。

枚举算法的优缺点，如表 2-2-4 所示。

表 2-2-4　枚举算法的优缺点

| | |
|---|---|
| 优点 | 算法简单而直接；算法容易设计实现；在局部地方使用枚举法，或者给定范围较小时，能比较轻松地求出未知解。 |
| 缺点 | 随着问题的规模变大或者求解范围增大时，运算量过大；循环的阶数越大，执行速度越慢，用这种方式的效率大大下降。 |

因此，实际使用枚举算法时，经常利用各种已知条件，尽可能排除掉一部分不可能的情况，从而优化枚举过程，尽量将枚举范围减小，以提高算法效率。

**实践活动**

**用枚举算法统计 BMI 偏离正常等级的男生人数**

用枚举算法统计 BMI 偏离正常等级的男生人数，分别先统计出 BMI 偏低(小于 16.5)的人数和 BMI 偏高(大于 23.2)的人数，再将两种情况的人数进行相加计算，得出最终偏离正常等级的人数。

1. 使用程序流程图描述该算法；
2. 编写 Python 程序实现该算法；
3. 思考该问题是否能用解析法求解。

**项目实施**

### 寻找 BMI 指数偏低的学生名单

**一、项目活动**

根据 BMI 的计算方法，编写程序，分别计算所有男生和女生的 BMI 指数并统计所有数据中 BMI 指数偏低的学生姓名。

**二、项目检查**

选择合适的算法编写程序，初步实现“输出 BMI 指数偏低的人数及对应学生的姓名”的功能，运行并测试程序是否满足既定功能。

**练习与提升**

1. 假设一个球从 50 米高度自由落下，每次落地后反弹回原高度的一半，再落下，求它在第 8 次落地时，共经过多少米？第 8 次反弹多高？
2. 实现对于一元二次方程 $ax^2+bx+c=0$ 的通用解析算法，并分别给 a、b、c 赋值，看看程序算出的 x 与人工算出的 x 是否一致？
3. 水仙花数是指一个 3 位数，它的每位数字的 3 次幂之和等于它本身（例如：$1^3+5^3+3^3=153$），请编程求出 1—1 000 以内的水仙花数。
4. 一张单据上有一个 5 位数的编号，万位数是 1，千位数是 4，百位数是 7，个位数、十位数已经模糊不清（例：147□□）。已知该 5 位数是 57 或 67 的倍数，请设计算法，输出所有满足这些条件的 5 位数的个数。

# 2.3　排序算法

**学习目标**

- 掌握冒泡排序算法的算法思想，并能应用算法解决实际问题；
- 掌握选择排序算法的算法思想，并能应用算法解决实际问题；
- 掌握插入排序算法的算法思想，并能应用算法解决实际问题。

**体验与探索**

体质健康测试后，体育老师会分析全体学生的体测数据，比如计算 BMI 指数，对 BMI 指数进行排序，统计不达标的学生并进行记录。如图 2-3-1 所示，相较于杂乱无序的数据，有序的数据更利于数据分析。

图 2-3-1　无序数列与有序数列

**思考**　1. 以正序排列为要求，如何调整图中前两个数字的顺序？

2. 如何逐步操作，能够将无序的数列正确排序？

## 2.3.1　冒泡排序算法

体育老师需要对体质健康数据进行排序，比如对 BMI 指数进行排序。BMI 指数正序排序后，可以快速地将所有的学生分为：低体重、正常、超重、肥胖四个类型，从而根据 BMI 指数对学生进行分组强化训练。

实际上，排序是数据处理的基本操作，大量科学研究建立在排序的基础上。一串无序的数据依照特定排序方式进行有序排列的算法，称为排序算法。最基础的排序算法包括：冒泡排序算法，选择排序算法和插入排序算法。通常排序算法可以拆分为两步操作：第一步为比较元素的大小，第二步是交换需要变换位置的元素。排序算法应该遵循以下两个原则：

（1）输出结果是有序的（“升序”或“降序”）；

（2）输出结果是原输入的一种重组或者新排列。

冒泡排序算法是一种简单的排序算法，其核心思想是：经过不断地交换越小的元素会慢慢“浮”到数列顶端，类似于水中的气泡会慢慢上升到水面。算法原理是：针对待排序的序列进行遍历，遍历的过程中依次比较两个相邻的元素，如果左边的元素大于右边则进行交换。一次遍历后，最大的元素沉到队尾，然后进行下一次遍历直至序列排序完成。

假设目前有一个待排序的序列[20，40，30，10，60，50]，序列中共包含 6 个元素，现在对该序列使用“冒泡排序算法”进行升序排序，每一轮排序交换的过程如图 2－3－2 所示。

第 1 趟排序：在初始状态的序列中，从左到右依次对比两个相邻元素的大小，若符合排序要求，保持顺序不变，若不符合排序要求，交换位置。第 1 趟冒泡排序结束，此时得到序列中的最大值“冒泡”到了序列的最后。

第 2 趟冒泡排序的比较过程与第一趟排序类似，比较进行到倒数第二个数时（位置＝序列总长－趟次），这一趟排序结束。

重复以上步骤，直到排序完成，最终得到序列为[10，20，30，40，50，60]。

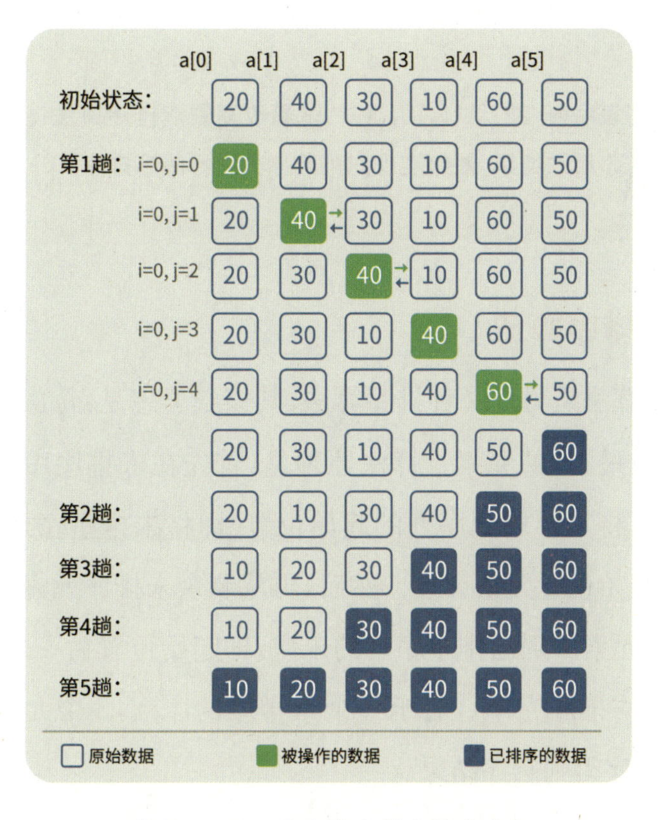


图 2-3-2　冒泡排序算法排序过程

实践活动

**冒 泡 排 序 算 法 的 实 践**

现有一个函数 bubble_sort(arr)，函数功能为冒泡排序算法，输入一个待排序序列，能够输出升序排序的新序列，详见代码清单 2-3-1。

代码清单 2-3-1　冒泡排序算法代码示例

```
def bubble_sort(arr):
    n = len(arr)
    for i in range(0, n - 1):
        for j in range(0, n - i - 1):
            if arr[j] > arr[j + 1]:
                arr[j], arr[j + 1] = arr[j + 1], arr[j]  # 交换两个位置的值
    return arr
```

现有列表序列[22, 11, 19, 12],试着改写冒泡排序算法,依次写出每一趟冒泡排序后的结果,最终实现对列表序列进行降序排序。

## 2.3.2 选择排序算法

选择排序算法是另外一种排序算法,其核心思想是:每次挑选出未排序序列中最小(或最大)的元素。算法原理是:首先在未排序序列中找到最小(或最大)元素,将其存放到序列的起始位置[即将未排序序列中的最小(或最大)元素与起始位置元素交换];然后,再从剩余未排序元素中继续寻找最小(或最大)的元素放到已排序序列的末尾,即起始位置后一位。以此类推,直到所有元素均排序完毕。对于一个未排序的序列,n 个元素可经过最多 n−1 次选择排序得到有序结果。

仍然以待排序的序列[20, 40, 30, 10, 60, 50]为例,对序列使用“选择排序算法”进行升序排序,每一趟排序交换的过程如图 2-3-3 所示。

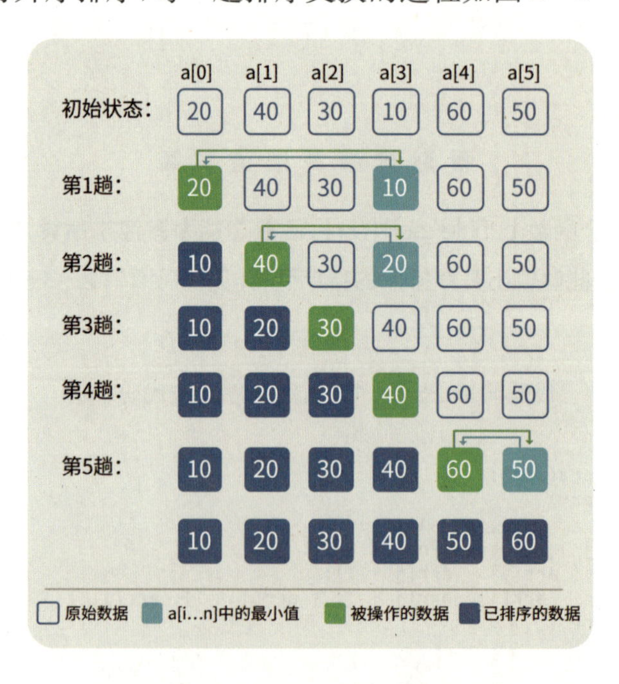


图 2-3-3 选择排序算法排序过程

第 1 趟排序:在初始状态的序列中,从左到右挑选出这个序列中最小的元素,此时为 10,在位置 3 上。将位置 0 的数 20(起始位置)与位置 3 的数 10 进行交换。

第 2 趟排序:此时位置 0 的数是已经排序的数,第 2 趟排序从位置 1 开始,从左到右找到剩下数中最小的数,此时为 20,在位置 3 上。将位置 1 的数 40(未排序部分的首位)与位置 3 的数 20 进行交换。

重复对后续未排序序列进行选择排序,直到完成最后两位数的比较,排序结束,最终得到序列为[10, 20, 30, 40, 50, 60]。

**实践活动**

**选择排序算法实践**

现有一个函数 selection_sort(arr),函数功能为选择排序算法,输入一个待排序序列,能够输出升序排序的新序列,详见代码清单 2-3-2。

代码清单 2-3-2　选择排序算法代码示例

```
def selection_sort(arr):
    n = len(arr)
    for i in range(n):
        min_index = i
        for j in range(i+1, n):
            if arr[min_index] > arr[j]:
                min_index = j
        arr[i], arr[min_index] = arr[min_index], arr[i]
    return arr
```

现有列表序列[22, 11, 19, 12],试着改写选择排序算法,依次写出每一轮选择排序后的结果,最终实现对列表序列进行降序排序。

### 2.3.3 插入排序算法

插入排序算法是另一种排序算法，其算法原理是：构建有序序列，对于未排序数据，在已排序序列中从后向前扫描，找到相应位置并插入。插入排序法其实与打扑克牌时的过程类似：从牌桌上逐一拿起扑克牌，将扑克牌插入合适的位置，让扑克牌从小到大排列。

仍然以待排序的序列[20，40，30，10，60，50]为例，对序列使用“插入排序算法”进行升序排序，每一趟排序交换的过程如图 2－3－4 所示。

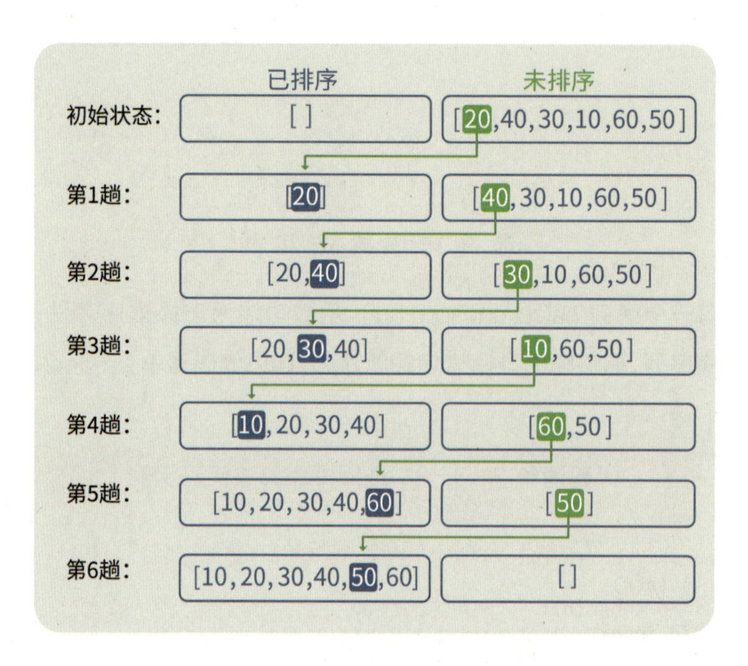


图 2－3－4　插入排序算法排序过程

（1）初始状态的序列作为未排序的序列，从该序列取出第一个元素放到已排序的序列中，即将 20 放入已排序序列。

（2）继续取出当前未排序序列中的第一个元素 40，在已排序的序列中从后往前扫描比较，找到符合大小规律的序列位置，此时 20＜40 将 40 插入到 20 后面。

（3）继续取出当前未排序序列中的第一个元素 30，在已排序的序列中从后往前扫描比较，40>30，继续往前对比，20<30，此时找到了符合大小规律的序列位置，将新元素 30 插入。

(4) 按照步骤(2)(3)，重复进行此类操作，直到未排序序列为空，排序完成。

**实践活动**

### 插入排序算法实践

现有一个函数 insertion_sort (arr)，函数功能为插入排序算法，输入一个待排序序列，能够输出升序排序的新序列，详见代码清单 2-3-3。

代码清单 2-3-3　插入排序算法代码示例

```
def insertion_sort(arr):
    for i in range(1, len(arr)):
        temp = arr[i]
        j = i - 1
        while j >= 0 and temp < arr[j]:
            arr[j + 1] = arr[j]
            j -= 1
        arr[j + 1] = temp
    return arr
```

现有列表序列[22, 11, 19, 12]，试着改写插入排序算法，依次写出每一趟插入排序后的结果，最终实现对列表序列进行降序排序。

**项目实施**

### 对 BMI 数据进行排序

**一、项目活动**

结合本节排序算法知识的学习，设计算法并尝试编写程序，对 BMI 数据进行升序排序。

**二、项目检查**

编写程序，实现 BMI 指数数据的升序排序。

**练习与提升**

1. 现有无序数列如图 2-3-5 所示，运用选择排序算法对数列进行排序，请画出每趟排序时，数据的交换情况，可以参考图 2-3-3。
2. 对于图 2-3-5 中的数列，运用插入排序算法对数列进行排序，请画出每趟排序时数据的交换情况，可以参考图 2-3-4。

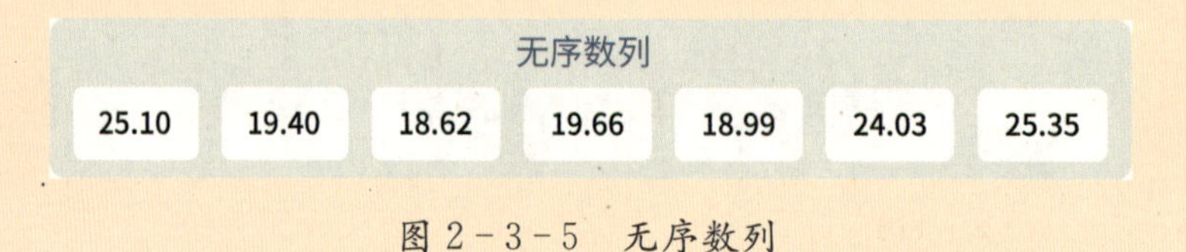


图 2-3-5　无序数列

# 2.4　查找算法

**学习目标**

- 掌握线性查找算法的算法思想，并能应用算法解决实际问题；
- 掌握二分查找算法的算法思想，并能应用算法解决实际问题。

体验与探索

**如 何 查 找 特 定 信 息**

某次体测结束后，铭铭帮助老师将全校男生、女生的体测数据分别汇总在了一起，计算了每位学生的 BMI 指数，并针对 BMI 指数进行了升序排序。以男生数据为例，铭铭想设计一个程序，帮助老师快速统计 BMI 指数等级为“低体重”的男生一共有多少位。

表 2-4-1　高一男生体测数据

| 姓名 | 性别 | 身高/m | 体重/kg | 肺活量/ml | 50 米跑/s | 立定跳远/cm | BMI 指数 |
|---|---|---|---|---|---|---|---|
| 王翰 | 男 | 1.42 | 38.3 | 1751 | 9.2 | 140 | 18.99 |
| 刘皓 | 男 | 1.522 | 44.6 | 2193 | 9.5 | 165 | 19.25 |
| 孙海阳 | 男 | 1.648 | 52.7 | 3544 | 8.8 | 185 | 19.40 |
| 祁鑫 | 男 | 1.558 | 47.2 | 2315 | 8.1 | 170 | 19.44 |
| 铭铭 | 男 | 1.6 | 51 | 2781 | 9.5 | 150 | 19.92 |
| 赵德泽 | 男 | 1.67 | 70 | 2863 | 8.9 | 175 | 25.10 |
| 冯小亮 | 男 | 1.753 | 77.9 | 3750 | 8.9 | 165 | 25.35 |

**思考**　1. 如何设计算法统计 BMI 指数等级为“低体重”的男生一共有多少位?

2. 借助 BMI 指数已经按照升序排列的特点，你能否设计出更好的算法来解决这个问题?

## 2.4.1　线性查找算法

在升序排列的数据中，寻找所有 BMI 指数等级为“低体重”的学生，本质上也是一个查找问题，即找出所有满足条件的学生，并统计数量。在计算机应用中，查找是常用的基本操作，它是指在大量的信息中寻找一个特定的信息元素，例如查找一串数字中的某一个数或者某几个数。

最简单的查找算法即为线性查找算法，即从序列的起始位置开始依次比较序列中的每一个值，直到找到所有目标值为止。查找算法中可能出现遍历完序列中所有值没找到目标值的情况。线性查找算法可以针对任意序列，不要求序列必须是有序序列，有序序列即序列中的元素按照升序（或降序）排列。

实践活动

**查找问题**

假设现有一个序列为[0, 3, 4, 5, 1, 2, 6]，查找出序列中是否存在3, 6，如果存在返回该数值在序列中的位置。请同学们尝试设计算法并编写程序。

线性查找算法看起来直接和简单，但是线性查找算法所需的查找时间是不确定的，例如序列 A=[0, 1, 2, 3, 4]中，如果查找序列中是否存在数字 0，第一次对比时就找到了目标值；如果查找序列中是否存在数字 5，那么遍历完整个序列后才发现目标值不存在，此时耗时较多。线性查找算法的时间复杂度为 O(n)。

### 2.4.2 二分查找算法

假定现有某个序列是有序序列，应用线性查找算法可以确定某个元素是否存在于这个有序序列中。但是当有序序列很长时，比如有序序列中有 1 亿个值，此时应用线性查找算法最糟糕的情况是遍历全部 1 亿个数值。有没有办法能优化算法性能呢？此时可以应用二分查找算法。

假如现在有存储了 0—6 的有序序列，需要确定 4 的位置，此时希望花费最少的步数找到这个数字的位置，应用二分查找算法寻找数字的过程如图 2-4-1 所示。

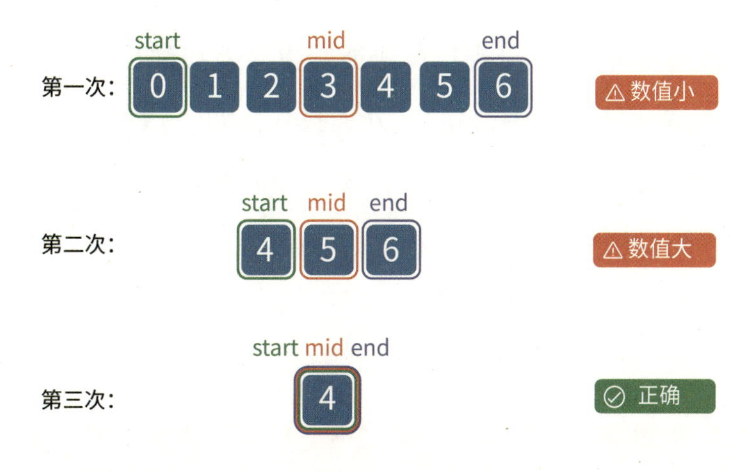


图 2-4-1　二分查找算法寻找数字

二分查找算法，也称为折半查找算法，是一种在有序序列中查找某一特定元素的搜索算法。使用二分查找算法需要首先保证序列是有序排列的，在这个前提下，通过将序列在每一次查找前进行从中一分为二，将中间项与查找项进行大小比较；然后根据大小比较结果，将查找范围缩小一半，如果小于查找项，则目标查找范围从右边开始，再次将中间项与查找项进行大小比较，如此循环直到完成查找或者没有找到查找项终止程序。

现有一个有序序列 A=[1, 3, 5, 7, 9, 11, 13, 15]，分别查找数字 3, 13, 20 在序列中的位置，如果序列中没有该元素返回 −1。应用二分查找算法的 Python 程序详见代码清单 2-4-1。

代码清单 2-4-1　二分查找算法代码示例

```
def binary_search (list, left, right, x):
    while left <= right:
        mid = left + (right - left) // 2
        if list[mid] == x:
            return mid
        elif list[mid] < x:
            left = mid + 1
        elif list[mid] > x:
            right = mid - 1
    return -1
```

相比线性查找算法，二分查找算法能够更快地找到目标，尤其是随着查找的范围增大，效率相差越明显。二分查找算法每一次的搜索范围都缩小一半，因此二分查找算法的时间复杂度为 $O(\log N)$。但二分查找算法的缺点是待查找序列必须是有序的。线性查找算法与二分查找算法的优缺点见表 2-4-2 所示。

表 2-4-2　线性查找算法与二分查找算法的优缺点

| | 线性查找算法 | 二分查找算法 |
|---|---|---|
| 优点 | 简单，任意序列 | 更快，尤其是查找范围很大时 |
| 缺点 | 查找范围大时，效率低 | 序列必须有序 |

**项目实施**

### 查找 BMI 指数偏低的男生数量

**一、项目活动**

根据已经完成升序排序男生 BMI 指数数据，设计算法快速确定 BMI 指数等级为“低体重”的男生一共有多少位。

**二、项目检查**

编写程序，初步实现 BMI 指数等级为“低体重”的男生统计功能。

**练习与提升**

1. 现有序列 A= [13, 19, 30, 5, 7, 25, 1, 21]，运用线性查找法查找序列中的最大值和最小值，请画出查找过程。
2. 现有有序列表 B= [10, 20, 30, 40, 50, 60, 70, 80, 90]，运用二分查找算法依次查找元素 30, 60, 55，若不存在，返回-1。
3. 生成一个 1—100 之间的随机数，思考如何应用二分查找算法思想找到这个数字？

# *2.5　递归算法

**学习目标**

- 理解并掌握递归算法的基本思想，并说出递归算法的特点；
- 能够编写程序实现递归算法，并能应用算法解决实际问题。

**体验与探索**

**递归算法的思想**

铭铭最近过生日，好朋友送了铭铭一个生日祝福卡片。铭铭的朋友选择了层层嵌套的礼物盒装卡片，如图 2－5－1 所示，生日祝福卡片装在了某一层的盒子中。如果想找到祝福卡片，铭铭需要逐个打开盒子检查。

图 2－5－1　铭铭收到的礼物盒

**思考**　1. 铭铭为了找到祝福卡片，需要经历怎样的步骤？

2. 如果将铭铭寻找祝福卡片的步骤画成算法流程图，试分析这个流程图有哪几种程序基本结构，分别是什么？

## *2.5.1 递归算法思想

铭铭寻找盒子中卡片的过程，可以转化为一个算法流程图，如图 2-5-2 所示。

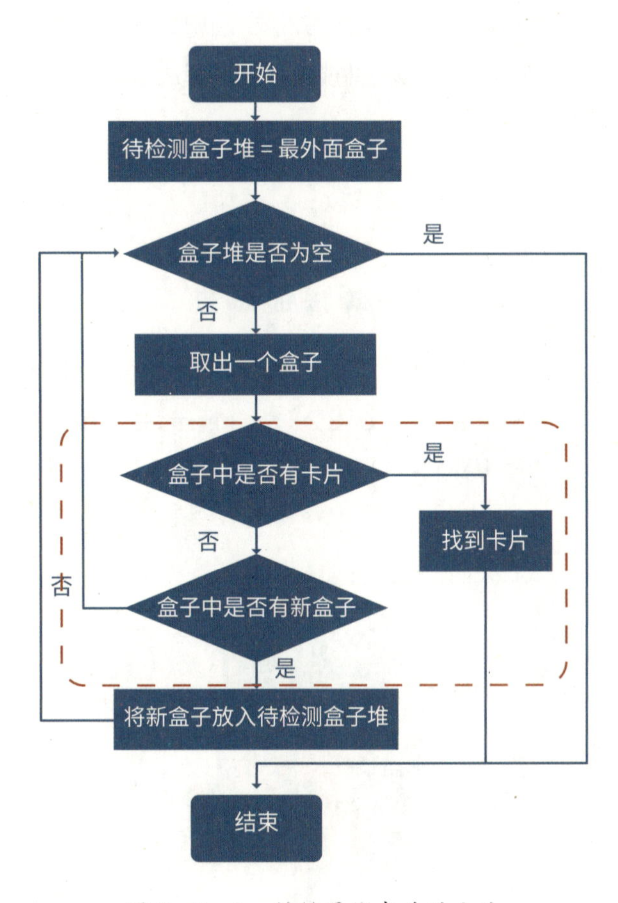


图 2-5-2　铭铭寻找卡片的方法

仔细分析寻找卡片的过程，不难发现，对于问题中的盒子结构，每一轮检查时待检查的盒子只有一个；在检查的过程中，对于新出现的盒子，依旧需要经历图 2-5-2 中红色线框中的步骤。因此寻找卡片的流程图可以简化，简化后的流程图如图 2-5-3 所示。

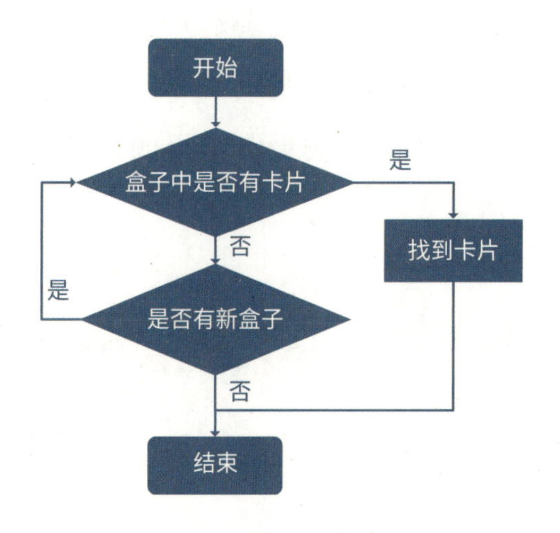


图 2-5-3　铭铭寻找卡片的新方法

第二种方法使用了“调用自己的方法”，这种方法的伪代码详见代码清单 2-5-1。

**代码清单 2-5-1　调用自己的方法伪代码示例**

```
# 这是一段伪代码
def look_for_card(box):
    for item in box:
        if item中有卡片:
            print('找到卡片')
        elif item中是一个盒子:
            look_for_card(item)    #调用自己
```

类似这种自己调用自己的方法，称为递归。递归，从字面上看就是有递有归，当遇到大问题难以解决时，可以将大问题层层转化为一个与原问题相似的规模较小的问题来求解。这样的处理方法，逐步“递”进到小问题的最里层，小问题解决后，再“归”回到最外层，这样大问题也随之而解。比如计算 n 的阶乘，分析阶乘的计算可以发现，$n!=n*(n-1)!=n*(n-1)*(n-2)!=\cdots$。假如函数 factorial(n)实现了 n 的阶乘运算，显然 factorial (n)=n * factorial(n-1)，在 n 不断“递”减为 1 的过程中，函数 factorial(n) 每次返回值 n * f(n-1)，直到 n=1，此时到小问题的最里层 1! 很好计算，1!=1，最后再从 1“归”到 n，即完成最终结果的计算。factorial(n) 函数的 Python 代码详见代码清单 2-5-2。

代码清单 2-5-2　factorial(n)函数的 Python 代码示例

```
def factorial(n):
    if n == 1:
        result = 1
    else:
        result = n * factorial(n - 1)
    return result
```

具体来说，递归就是一个过程或函数在其定义或说明中有直接或间接调用自身的一种方法，递归策略只需少量的程序就可描述出解题过程所需要的多次重复计算，大大地减少了程序的代码量，递归的过程如图 2-5-4 所示。

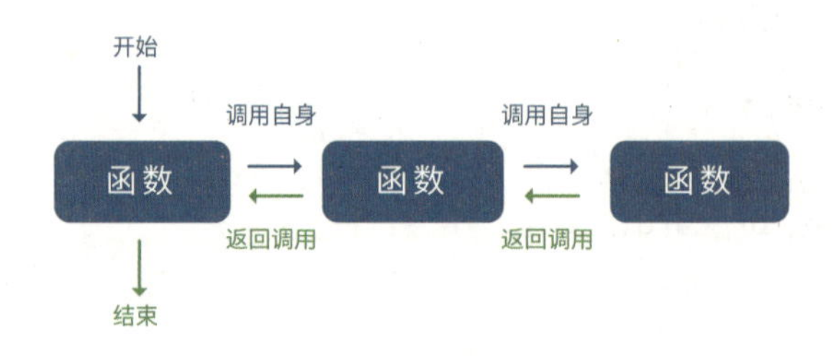


图 2-5-4　递归的思想

递归算法的实质是把问题分解成规模缩小的同类问题的子问题，然后递归调用方法来表示问题的解。递归策略的最主要体现就是小的代码量解决了非常复杂的问题，然而由于递归方法调用自己，因此编写递归函数时，很容易出错，从而导致函数陷入无限死循环。例如，使用递归的方式编写一个递加函数，实现 1 到 n 的加法运算，具体如下：

```
# 这是一段错误的代码
def add(n):
    return n + add(n - 1)
```

阅读上述代码可以发现：这个函数永远不会停止。编写程序时必须避免程序出现死循环，因此编写递归函数时，必须有明确的递归停止的条件。实际上递归函数通常包括两部分：递归条件和基线条件。递归条件指的是函数调用自己，基线条件指的是函数什么状态下不再调用自己，避免递归出现死循环。递加函数 add(n)添加基线条件后，代码详见代码清单 2－5－3。

**代码清单 2－5－3　递加函数 add(n)添加基线条件后的代码示例**

```
def add(n):
    if n == 1:   # 基线条件
        return 1
    else:        # 递归条件
        return n + add(n - 1)
```

递归算法有以下的特点：

(1) 递归是在方法里调用自身，因此每次调用在问题规模上都有所缩小；

(2) 当前输入经过递归后得到输出，该输出会作为下一次递归的输入，依次循环；

(3) 必须有一个明确的递归结束条件，作为递归出口，无条件递归调用将会成为死循环而不能正常结束。

每一个递归程序都遵循相同的基本步骤：

(1) 初始化算法，递归程序通常需要一个开始时使用的种子值。要完成此任务，可以向函数传递参数，或者提供一个入口函数，这个函数是非递归的，但可为递归计算设置种子值。

（2）检查要处理的当前值是否已经与停止的位置（基线条件）相匹配，如果匹配，则进行处理并返回值，否则程序继续运行。

（3）使用更小的或更简单的子问题（或多个子问题）来重新定义答案。

（4）对子问题运行算法。

（5）将结果合并入答案的表达式。

（6）返回（2）。

**阅读拓展**

### 用递归算法求解汉诺塔问题

汉诺塔问题源于印度一个古老传说的益智玩具。为了方便理解，将问题进行如下简化。如图 2-5-5 所示，从左到右有 A、B、C 三根柱子，其中 A 柱子上面从上到下有从小叠到大的 5 个圆盘，现要求将 A 柱子上的圆盘全部移到 C 柱子上去，期间只有一个原则：一次只能移动一个圆盘且大盘子不能在小盘子上面，求移动的步骤和移动的次数。汉诺塔问题可以使用递归的方法来实现。

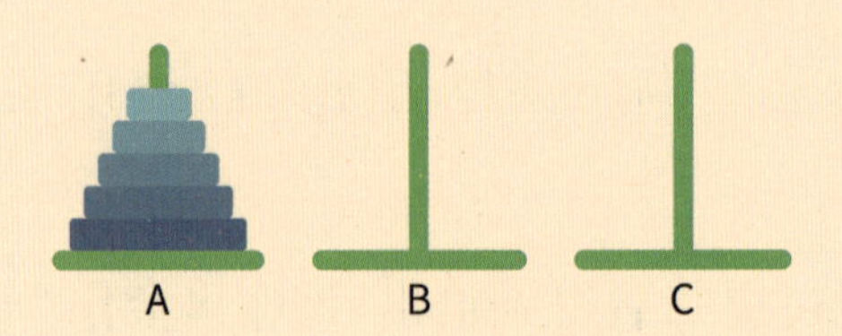


图 2-5-5　汉诺塔问题

从简单情况开始思考：如果只有一个圆盘，那么可以直接将 A 的圆盘移到 C；如果有两个圆盘，可以把 A 上的圆盘先移到 B，再将 A 下面的大圆盘移到 C，最后将 B 的小圆盘移到 C；如果有三个圆盘，这时候问题就渐渐复杂了，此时可以将复杂问题分解成多个“两个”圆盘移动的子问题，即每次都将需要移动的 n 个圆盘看作最下面的大圆盘和上面的 n-1 个圆盘，每次都按照两个圆盘的方式来移动。

具体来说，按照递归算法的解题步骤，已知初始状态为 A 柱子有 5 个大小不一的圆盘，B 和 C 是空的。第一轮的移动需要将 A 中最大的圆盘移动到 C，不断重复移动操作，将其他 4 个较小圆盘先移到 B 上，就可以把 A 上最大圆盘移动 C 上；第二轮递进是把此时 B 中最大的圆盘移动到 C，这时候，需要将其他 3 个较小的圆盘先全部移到 A。此时可以发现，A 和 B 的作用是存放中间状态的圆盘，C 依次存放正确顺序的圆盘。

使用编程语言来实现一下刚刚的过程：定义一个函数 hanoi，有四个变量 n、a、b、c，分别代表总共圆盘的数目和 A、B、C 三根柱子，详见代码清单 2-5-4。

代码清单 2-5-4　hanoi 算法的代码示例

```
def hanoi(n, a, b, c):
    if(n == 1):
        print(a, "->", c)   # 基线条件：当只有1个圆盘时，如何移动。
        return None
    hanoi(n - 1, a, c, b)   # 第二个参数移动到第四个参数上，即将a的n-1个圆盘移
动到b
    hanoi(1, a, b, c)   # 此时只剩1个最大的圆盘在a柱，将该圆盘从a移到c
    hanoi(n - 1, b, a, c)   # 将n-1个圆盘继续通过递归实现，b上的圆盘移到c上

# 假如此时有5个不同尺寸的圆盘，移动过程如下：
hanoi(5, "A", "B", "C")
```

## * 2.5.2　运用递归算法思想的排序算法

铭铭曾经编写程序针对体测数据中的 BMI 指数进行排序，假如把排序问题看作一个复杂的大问题，能不能利用递归算法思想，将这个“大问题”分而治之呢？如果可以通过一趟排序将待排序的数据序列分割成独立的两个序列，其中一部分的所有数据都比另一部分的所有数据小，再按这种方法对这两部分数据序列分别进行排序，使每部分数据又分割成两个序列，同样的

这两个序列一部分的所有数据都比另一部分的所有数据小，直至每个序列部分均只有一个元素，递归结束，最终整个序列变成有序序列。此时，基线条件就是每个序列只包含一个元素，在这种情况下，返回序列。

实际上，这种排序算法被称为快速排序算法，它是一种效率较高的排序算法，算法核心思想是分而治之，即把问题拆分为一个个类似的子问题来进行解决，利用计算机的高效计算能力，从而提升算法性能。在算法中，有很多思想都是基于分而治之，这是一种基础且有效的思想。

仍然以待排序的序列[20，40，30，10，60，50]为例，对序列使用“快速排序算法”进行升序排序，每一趟排序交换的过程如图 2-5-6 所示。

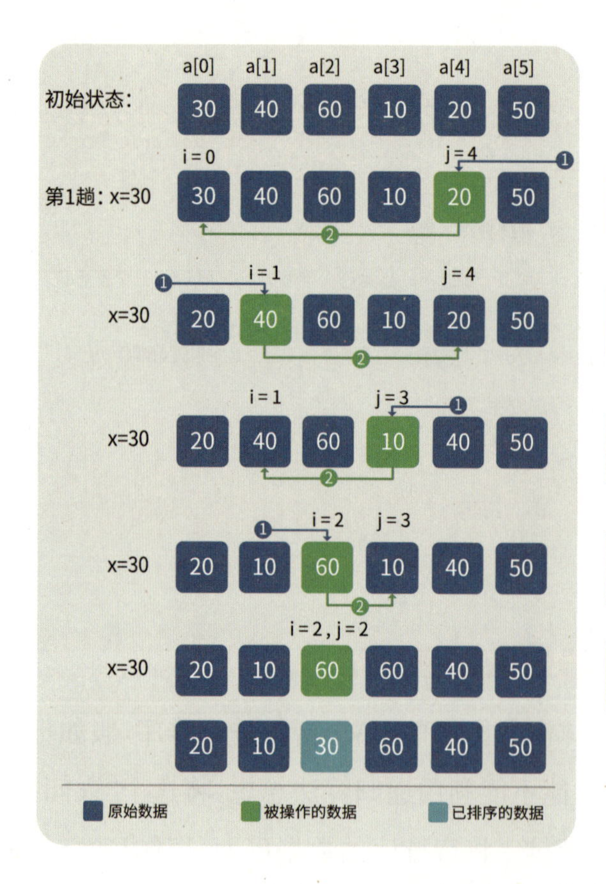


图 2-5-6　快速排序算法排序过程

在第 1 趟排序中，设置 x=a[i]，此时 i=0，即 x=30。

(1) 从“右向左”查找小于 x 的值：找到满足条件的值 a[j]=20，此时 j=4；然后将 a[j]赋值 a[i]，此时 i=0；进入下一步。

(2) 从“左向右”查找大于 x 的值：找到满足条件的值 a[i]=40，此时 i=1；然后将 a[i]赋值 a[j]，此时 j=4；进入下一步。

(3) 从“右向左”查找小于 x 的值：找到满足条件的值 a[j]=10，此时 j=3；然后将 a[j]赋值 a[i]，此时 i=1；进入下一步。

(4) 从“左向右”查找大于 x 的值：找到满足条件的值 a[i]=60，此时 i=2；然后将 a[i]赋值 a[j]，此时 j=3；进入下一步。

(5) 从“右向左”查找小于 x 的值：没有找到满足条件的值。当 i>=j 时，停止查找；然后将 x 赋值给 a[i]。此趟遍历结束！

经过一趟排序，此时原序列被分成两个子序列[20, 10, 30]和[60, 40, 50]，其中前一个子序列的所有数值比后一个子序列的所有数值小。按照同样的方法进行递归，对子序列进行同样的 1—5 的操作，直至各个子序列只有一个值时，此时得到了一个有序序列。

由特殊推广到一般，按升序排序的快速排序算法的 Python 代码，详见代码清单 2-5-5。quick_sort 表示快速排序法。阅读代码可以发现 quick_sort 函数倒数第 2、3 行代码进行了递归调用。

**代码清单 2-5-5　快速排序算法的代码示例**

```
def quick_sort(array, left, right):
    if left >= right:   # 基线条件：当left >= right时各个子序列只有一个元素
        return
    low = left
    high = right
    key = array[low]
    while left < right:
        while left < right and array[right] > key:
            right -= 1
```

```
        array[left] = array[right]
        while left < right and array[left] <= key:
            left += 1
        array[right] = array[left]
    array[right] = key
    quick_sort(array, low, left - 1)
    quick_sort(array, left + 1, high)
    return array
```

阅读拓展

**快速排序算法的时间复杂度**

冒泡排序、选择排序、插入排序三种算法的时间复杂度均为 $O(n^2)$，因为它们的程序中均出现了循环的嵌套。对于快速排序而言，它的独特之处在于它的速度取决于选择的基准值。在最糟的情况下，快速排序的运行时间为 $O(n^2)$，但是平均情况下，快速排序的运行时间为 $O(n\log n)$。假设总是将第一个元素作为基准值，某个时刻待排序的序列是有序的(比如待排序序列为[1, 2, 3, 4, 5, 6])，因为快速排序算法不检查序列是否有序就直接对序列进行排序。此时每一次递归，序列均没有被分成两半，此时的快速排序就是最糟的情况。而假如每一次选择的基准值都刚好能把当前序列均匀地分成两半，此时就是快速排序最佳的情况。实际上，这里说的最佳情况同样也是快速排序的平均情况。只要你每次随机选择一个序列中的元素作为基准值，快速排序的平均运行时间就是 $O(n\log n)$。实质上快速排序是最快的排序算法之一，也是应用分而治之的典范。

算法处理时间复杂度，还有空间复杂度，因为近年来计算机处理能力的飞速发展，很多时候，允许为算法提供更多的空间来保障运行。下面同样是快速排序算法的一种 Python 代码实现，详见代码清单 2-5-6。在这段代码中，每次递归调用都会创建两个列表，分别为 less 和 greater。less 用于存储每次递归时小于基准值的各个元素；greater 用于存储每次递归时大于基准值的各个元素。仔细阅读可以发现，这段代码比正文中的代码更为简洁。

代码清单 2-5-6　快速排序算法的另一种实现方式示例

```
def quick_sort(array):
    if len(array) < 2: #基线条件
        return array
    else:
        pivot = array[0]
        less = []
        greater = []
        for i in array[1:]:
            if i <= pivot:
                less.append(i)
            elif i > pivot:
                greater.append(i)
        return quick_sort(less) + [pivot] + quick_sort(greater)
```

## 项目实施

### 使用快速排序算法对 BMI 数据进行排序

#### 一、项目活动

整理每个学生的体质健康数据表，观察 BMI 数据，使用快速排序算法，对 BMI 数据进行降序排序。

#### 二、项目检查

使用快速排序算法编写程序，实现对 BMI 数据降序排序。运行程序，检测输出结果是否正确。

## 练习与提升

1. 假设青蛙一次跳跃，可以跳上 1 级台阶，也可以跳上 2 级台阶……也可以跳上 n 级台阶。用递归算法求解该青蛙跳上一个 n 级的台阶总共有多少种跳法。
2. 假设一对刚出生的小兔一个月后就能长成大兔，再过一个月就能生下一对小兔，并且此后每个月都生一对小兔。如果一年内没有发生死亡，那么一对刚出生的兔子，一年内能繁殖多少对兔子？

# *2.6 迭代算法

**学习目标**

- 理解迭代算法的基本思想，能够说出迭代法与递归法的区别；
- 了解牛顿法中的迭代思想，能够应用牛顿法求解方程的根。

**体验与探索**

铭铭为了提升自己的体质健康水平，保持 BMI 指数达标，制定了科学的训练计划，并记录每日的体重。铭铭体重随时间的变化情况，如图 2-6-1 所示，图中 $t$ 代表时间，$f(t)$ 为对应的体重。由于粗心，铭铭记录的数据有一些缺失，但是他知道，缺失的数据中包含这段时间体重的最小值。

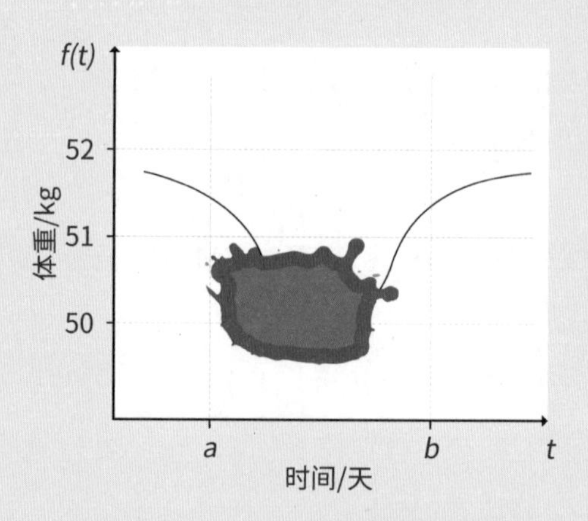


图 2-6-1 铭铭的体重记录曲线

**思考** 1. 假定某时刻 $c$，铭铭的体重处于这段时间的最小值，试分析 $f(a)$、$f(b)$ 与 $f(c)$ 的关系；

2. 如何利用比较判断，找到 $c$ 的具体位置？

## * 2.6.1　迭代算法思想

生活中很多问题，可以找到清晰的求解方法，比如根据身高体重确定 BMI 指数，根据 BMI 指数判断某人体质是否肥胖等。然而生活中同样存在一些问题，难以用已有知识确定最终解。为了解决这类问题，常常采用逐步逼近最终解的方式，从而得到一个近似解。在计算数学中，这种与“直接法”相对应的求解思想，称为“迭代法”。直接法通常指的是一次性解决问题的方法；迭代法也称辗转法，是不断用变量的旧值递推新值的一种求解思路。

例如，著名的“猴子吃桃”问题：小猴子摘了若干桃子，每天吃掉的桃子为现有桃子总数的一半加一个，第十天时只剩下一个桃子，计算开始时采摘桃子的总数，需要不断用后面的桃子数递推出前面的桃子数，直到算出第一天的桃子数量。求解该问题用到的就是迭代算法的思想。

迭代算法是用计算机解决问题的一种基本方法，它利用计算机运算速度快、适合做重复性操作的特点，让计算机对一组指令（或一定步骤）进行重复执行，在每次执行这组指令（或这些步骤）时，都从变量的原值推出它的一个新值。假设函数 $f(t)$ 是铭铭体重随时间变化的函数，具体图像如图 2－6－2 所示，此时需要计算函数 $f(t)$ 在闭区间 $[a, b]$ 内的最小解 $f_{min}(t)$。

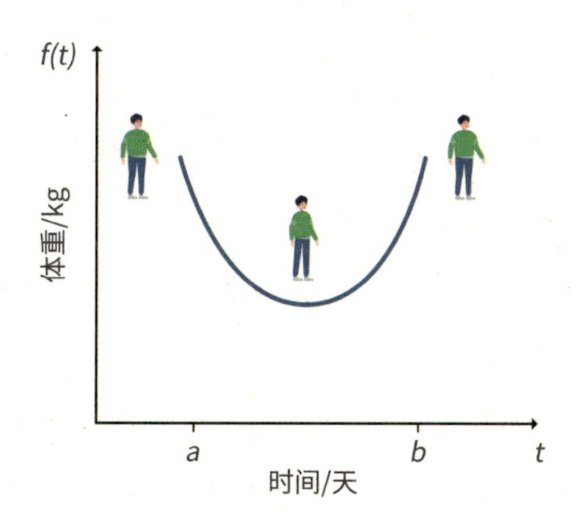


图 2－6－2　铭铭体重随时间变化的函数

图中仅有一个变量 $t$，因此最小值 $f(t)$ 的约束条件为 $a \leqslant t \leqslant b$。此时可以确定一个较小的距离单位 $\Delta d$，假设 $a_1 = a + \Delta d$，$b_1 = b - \Delta d$，按如下规则缩小区间，假如：

$f(a_1) > f(b_1)$，那么区间 $[a, b]$ 更新为区间 $[a_1, b]$

$f(a_1) < f(b_1)$，那么区间 $[a, b]$ 更新为区间 $[a, b_1]$

$f(a_1) = f(b_1)$，那么区间 $[a, b]$ 更新为区间 $[a_1, b_1]$

重复上述迭代，直至 $a_i \geqslant b_i$，输出此时的函数值，此时函数值无限逼近最小值，如图 2-6-3 所示。

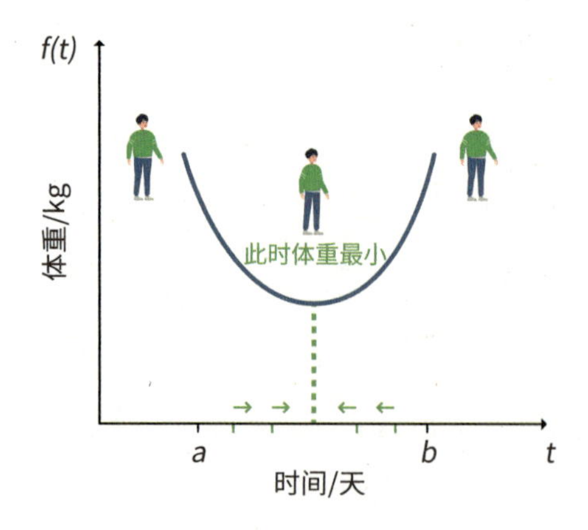


图 2-6-3　迭代逼近体重最小值

该问题求解使用的方法即为迭代算法，最终求得的最小解 $f_{\min}(t)$ 的精确度与 $\Delta d$ 的大小有关，显然 $\Delta d$ 越小，迭代次数越多，得到的解也就越精确。因此迭代算法常常利用计算机运算速度快、适合做重复性操作的特点进行问题求解。

迭代算法中有三个重要的核心概念：迭代变量、递推关系式和终止条件，利用这三个核心概念进行迭代算法求解，具体过程如下：

首先，确定迭代变量。在迭代算法中，至少存在一个直接或间接能不断由旧值（当前值）算出新值（下一个值）的变量，这个变量就是迭代变量，迭代变量一般就是要求解的问题的解。

其次，建立迭代递推关系。迭代递推关系是根据旧值计算新值的关系或公式，这是迭代算法实现的关键，如果不能确定迭代关系，则无法用迭代算法实现算法。

最后，确定终止条件结束迭代过程。迭代过程不能一直无休止地进行，因此需要确定终止条件，将迭代过程控制在一个合理的范围内。

实践活动

**f(t) 最小值问题的迭代要素**

迭代算法中有三个重要的核心概念：迭代变量、递推关系式和终止条件，以图 2-6-2 中 f(t)最小值求解，列出求解过程中迭代的三个要素迭代变量、递推关系式和终止条件分别是什么。

迭代算法是用计算机解决问题的一种基本方法，求解一元高次方程、线性和非线性方程组等问题，均可以使用迭代法的算法思想来近似求解。常见的迭代算法有：梯度下降算法、最小二乘算法、牛顿迭代算法。迭代算法常用于求解最优化问题，最优化问题是指求最小值点或最大值点的一类问题。最优化问题可以分为约束最优化和无约束最优化，它们的目的都是求一个函数达到极值的全局最小(大)值点，这两者的区别是 $x$ 是否需要满足某些约束条件。无约束最优化问题的定义如下：

现有 $f(x)$，$x=(x_1, x_2, \cdots, x_d)^T \in R^d$ 是实数值的 $d$ 元函数，求函数 $f(x)$ 的最小值，即 $\underset{x \in R^d}{\operatorname{argmin}} f(x)$[符号 argmin 表示 $f(x)$ 达到最小值时 $x$ 的取值]。这里自变量 $x$ 为决策变量，$x$ 一般需要通过迭代等算法求出其最终解 $x^*$，在该问题下最终解 $x^*$ 即为目标函数 $f(x)$ 的(全局) 最小值点。

阅读拓展

**下山过程中的迭代思想**

生活中应用迭代思想处理问题的情境也十分常见，比如在选择最快的下山路径时，就应用了迭代的思想。

下山时，往往希望能够快速抵达山脚下，因此登山者往往根据山路坡度的变换选择下山“捷径”。比如，在下山途中的某个位置，有多条通往山下的道路，为了能够更快地抵达山脚下，通常选择下山坡度更陡的那一条（前提是每条下山的路都足够安全）。而如果在下山途中的每一步，都可以根据坡度情况确定下山路线，就可以保证更快地到达目的地。如图 2-6-4 所示，图中的不同颜色代表了不同海拔高度，每前进一步通过迭代思想找到当前下山坡度最陡的方向，根据每步确定的下山方向，就能够最快地到达最低点（即山脚下）。

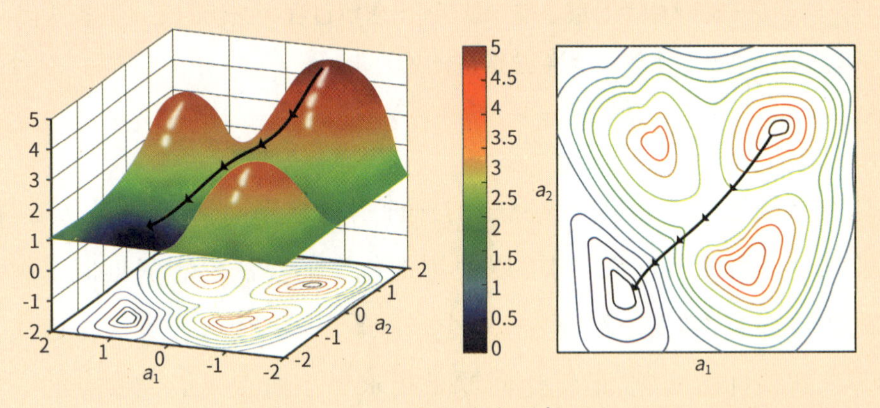


图 2-6-4　应用迭代思想下山

实际上下山过程中应用的迭代思想就是梯度下降算法。梯度下降算法，也称为最陡下降算法，目前广泛使用在机器学习相关应用中。

## * 2.6.2　牛顿迭代算法

牛顿迭代算法是另外一种常见的迭代算法，它是牛顿在 1671 年《流数法》中提出的一种算法。具体来说，牛顿迭代算法是一种近似求解方程的方法。比如，现有一元三次方程 $x^3-3x^2+2x+1=0$，如图 2-6-5 所示，应用牛顿迭代算法能够求解方程的根。

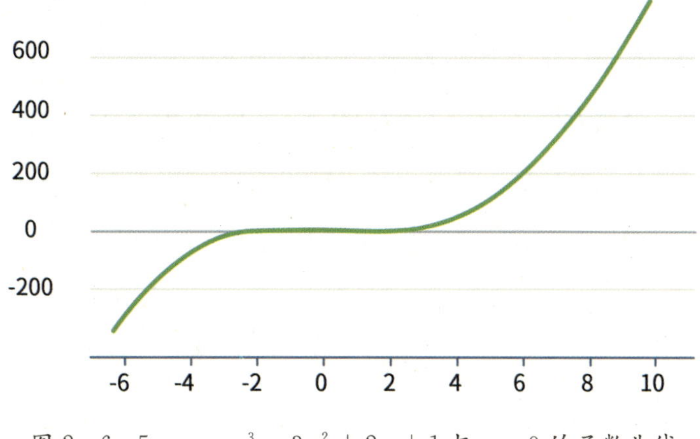


图 2-6-5　$y=x^3-3x^2+2x+1$ 与 $y=0$ 的函数曲线

方程 $x^3-3x^2+2x+1=0$ 的根，即为曲线 $f(x)=x^3-3x^2+2x+1$ 与 $x$ 轴(即 $y=0$) 的交点。直接求解该方程的根十分繁琐，应用迭代思想求解方程解的原理如下：

假设$(x_0, y_0)$是曲线 $f(x)$上的一个点，那么有 $y_0=f(x_0)$。

如果$|y_0|$比较小，则 $x_0$ 可以视为方程 $f(x)=0$ 的一个近似解，然后过点$(x_0, y_0)$作曲线的切线，切线的斜率记作 $f'(x_0)$。该切线与 $x$ 轴存在一个交点 $x_1$，如图 2-6-6 所示，显然 $x_1$ 更接近方程 $f(x)=0$ 的解。

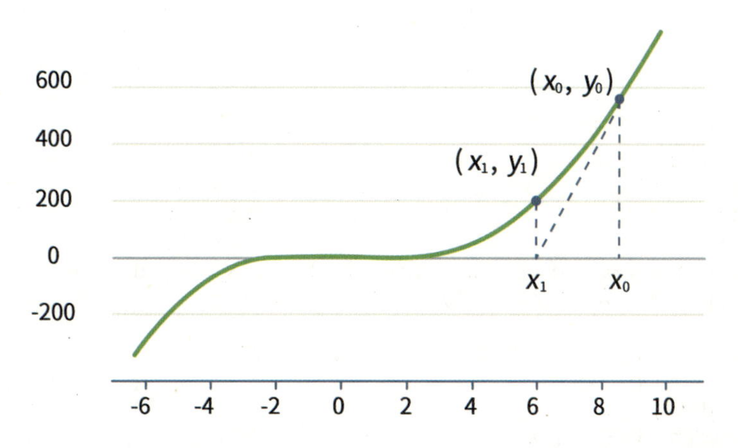


图 2-6-6　牛顿迭代算法求解方程 $x^3-3x^2+2x+1=0$ 根示意图

采用上述方法，输入 $x_0$ 可以得到一个输出 $x_1$，且 $x_1$ 更接近问题的解。因此，求解方程解的迭代思想是利用上一轮的输出作为新的输入，通过多次算法迭代，逐渐逼近最终解并停止程序。上述求解问题的迭代算法即为牛顿迭代算法，具体来说牛顿迭代法算法过程如下：

（1）选择一个接近函数 $F(x)=0$ 的点 $x_0$，计算 $F(x_0)$及切线斜率 $F'(x_0)$，对于函数 $F(x)=ax^3+bx^2+cx+d$ 来说 $F'(x_0)=3ax_0^2+2bx_0+c$；

（2）计算经过 $(x_0, F(x_0))$ 并且斜率为 $F'(x_0)$ 的直线和 $x$ 轴的交点 $x_1$，即求$(x_1-x_0)F'(x_0)+F(x_0)=0$ 的解，$x_1=x_0-\dfrac{F(x_0)}{F'(x_0)}$，显然 $x_1$ 相比 $x_0$ 更接近最终解；

（3）迭代步骤(2)，其迭代公式可化简为：$x_n=x_{n-1}-\dfrac{F(x_{n-1})}{F'(x_{n-1})}$；

（4）设定终止条件，当 $x_n$ 满足终止条件时，迭代终止，此时可以认为 $x_n$ 足够接近根。

采用牛顿迭代算法求解方程 $x^3-3x^2+2x+1=0$ 的根的 Python 代码详见代码清单 2－6－1。

**代码清单 2－6－1　牛顿迭代算法求解方程代码示例**

```python
a = 1
b = -3
c = 2
d = 1
x = 1.5
deta = 1
# 当两个相邻迭代的输出值差的绝对值小于0.00001时，迭代结束
while deta >= 1e-5: # le-5 为 10的-5次方，即0.00001
    x0 = x
    f_x_0 = a * (x0 ** 3) + b * (x0 ** 2) + c * x0 + d # x0时函数值f_x_0
    f_x_0_d = 3 * a * (x0 ** 2) + 2 * b * x0 + c # f_x_0_d表示函数f_x求导
后的值
    x = x0 - f_x_0 / f_x_0_d
    deta = abs(x - x0)
    print(deta)
print('方程的一个根为：', x0)
```

**实践活动**

求解 99 的立方根，即 $x^3-99=0$ 的根，试着采用牛顿迭代算法编写程序求解 99 的立方根。

**阅读拓展**

**迭代与递归的区别**

迭代算法与递归算法都是利用不断循环求解问题的算法，但它们之间仍然有一些明显的区别：

(1) 程序结构不同。迭代的循环是指函数内的某段代码，而递归的循环是重复调用自身函数。

(2) 算法结束方式不同。迭代的结束方式一般采用计数器结束循环，而递归循环中，其遇到满足终止条件的情况时会逐层返回，来结束循环。

(3) 运行效率不同。随着循环次数增大，迭代的效率高于递归。

算法是计算机科学领域最重要的基础之一，各种各样的算法渗透在计算机领域的方方面面，计算机通过各类算法来解决对应的问题，通过编程语言来实现各类算法。具体来说编程语言是一种工具，解决问题的本质是算法的设计。只有掌握了那些万变不离其宗的算法基石，学习如何用计算机思维来设计解决问题的具体方案，才能在技术飞速发展的过程中以不变应万变。

### 项目实施

**迭代算法求解“猴子吃桃”问题**

#### 一、项目实施

“猴子吃桃”是数学中一个有趣的问题，它是这样描述的：小猴子摘了若干桃子，每天吃掉的桃子为现有桃的数量的一半加一个，到第10天的时候只有一个桃子了，求原有多少个桃。”现在，请你用迭代算法思想编写程序求解这个问题，程序输出为原有桃子个数。

#### 二、项目检查

采用迭代算法编写程序，实现“猴子吃桃”问题的计算。

### 练习与提升

1. 给定一个一元三次方程 $5x^3-2x^2+2x+1=0$，使用牛顿迭代算法求 $x$ 在1附近的实根。
2. 画出使用牛顿迭代算法求解80平方根的程序流程图。

# 2.7　人工智能小故事

## 联合国 CGF“促进人工智能算法性别平等”项目启动

2020 年 10 月 22 日，“促进人工智能算法性别平等”项目获得了联合国中国社会性别研究和倡导基金（简称 CGF）第九批项目支持，该项目针对人工智能时代性别平等问题的新特征、新趋势进行探索。2021 年 10 月，由联合国妇女署资助支持、玛娜数据基金会主办的“促进人工智能算法性别平等”报告发布会暨政策研讨会在上海举行，会上发布了《促进人工智能算法性别平等研究报告（2021）》。

《促进人工智能算法性别平等研究报告（2021）》重点关注人工智能应用中的性别偏见与歧视乱象，同时纳入社会性别的视角，指出算法性别伦理失范的表现及其社会后果。据《报告》介绍，目前人工智能算法的诸多应用场景中均存在一定的性别歧视现象。以某人工智能开放平台为例，一张“端着水果篮的男性”图片被人工智能人脸识别平台检测为“女性”，单独截出头像却被检测为“男性”。算法中存在性别歧视问题，主要源于训练 AI 的数据集反映了人类社会存在的性别偏见，而算法工程师对这一问题缺乏意识，未将解决性别偏见纳入开发需求，从而使得算法放大了性别歧视。

算法作为人工智能的核心，带给人类机遇的同时也带来了一些风险。人工智能算法在实际应用过程中往往会出现偏差性结论或反馈，其中最为典型的“算法歧视”现象愈发严重。具体来说“算法歧视”是对某一类社会群体无形中造成不平等的对待，譬如性别偏见。因此当算法歧视与人类理性价值发生碰撞时，所带来的问题值得我们警醒。“算法歧视”一方面根源于人类固有的社会偏见的反应，另一方面，数据也是关键变量之一，主要来自数据采集的片面性。为克服算法歧视带来的不良后果，我们不仅应当基于禁止歧视或平等保护目的建立一套对人工智能算法的伦理审查标准体系，还应增强智能算法的透明性。《新一代人工智能伦理规范》第十三条特别强调避免偏见歧视，在数据采集和算法开发中，加强伦理审查，充分考虑差异化诉求，避免可能存在的数据与算法偏见，努力实现人工智能系统的普惠性、公平性和非歧视性。

# 总结与评价

## 1. 下图展示了本章的核心概念与关键能力，请同学们对照图中的内容进行总结。

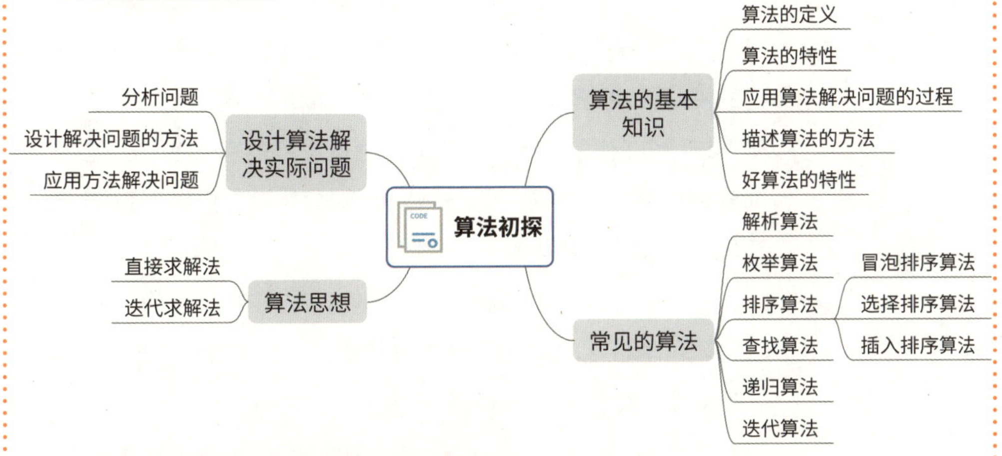


## 2. 根据自己的掌握情况填写下表。

| 学习内容 | 掌握程度 |
|---|---|
| 算法基本概念及五大特性 | □不了解　□了解　□理解 |
| 算法的时间复杂度和空间复杂度计算 | □不了解　□了解　□理解 |
| 枚举算法的概念 | □不了解　□了解　□理解 |
| 枚举算法求解基本问题 | □不了解　□了解　□理解 |
| 线性查找算法的解题思路及编程实现 | □不了解　□了解　□理解 |
| 二分查找算法的解题思路及编程实现 | □不了解　□了解　□理解 |
| 选择排序算法的解题思路及编程实现 | □不了解　□了解　□理解 |
| 冒泡排序算法的解题思路及编程实现 | □不了解　□了解　□理解 |
| 插入排序算法的解题思路及编程实现 | □不了解　□了解　□理解 |
| 递归算法的基本思想 | □不了解　□了解　□理解 |
| 递归算法的解题思路及编程实现 | □不了解　□了解　□理解 |
| 迭代算法的基本思想 | □不了解　□了解　□理解 |
| 梯度下降算法的解题思路及编程实现 | □不了解　□了解　□理解 |

# 第3章 数据初探

在日常生活中，人们每天都在与数据打交道。出门前，空气质量的预报决定着出行是否需要佩戴口罩；学习中，某个课程的得分情况决定着下个阶段的努力方向。

自人类步入信息社会以来，数据以惊人的速率增长并成为社会发展的生产原材料。数据中蕴含着丰富的信息，使用数据统计分析工具和方法可以在数据中挖掘出有价值的信息，并为各种决策提供依据。

今天，环境质量俨然已经成为人们比较关注的话题之一。环境数据就是一种生活中比较常见的数据。在环境部门的网站上，能够轻松获取到不同城市的环境数据。对环境数据进行分析挖掘，能够为分析环境情况提供有效信息。借助分析结果，能够唤醒人们的环保意识，并对形成全民保护环境的格局具有重要意义。

在本章的学习中，我们将以“$PM_{2.5}$ 数据初探秘”为主题进行项目学习，以各类环境数据为基础，从数据数字化出发，认识数据的特征，对数据进行分析统计，并针对分析结果进行数据可视化。通过项目学习与实践，体会数据的作用和价值。

## 主题学习项目：$PM_{2.5}$ 数据初探秘

**项目目标**

空气质量是近年来颇受重视的一个话题，尤其是 $PM_{2.5}$ 的浓度情况。本章以“$PM_{2.5}$ 数据初探秘”为主题展开项目学习，从数据采集、整理、分析和可视化呈现出发，对数据进行研究和分析，初步认识数据的重要性以及对数据进行分析的方法。

1. 认识数据。初步认识环境数据，理解数据的数字化和存储数据的数据结构，为数据分析储备必要知识。

2. 分析数据。认识数据特征含义，在基于环境数据分析环境变化规律的过程中，理解数据分析的常用方法。

3. 呈现数据。将环境数据的分析结果以可视化图形的形式直观呈现，将环境变化的分析结果警示于人，唤醒人们的环保意识。在此过程中理解常用的数据可视化方式。

**项目准备**

为完成项目需要做如下准备：

1. 寻找一名同伴，在学习的过程中通过互助合作完成项目任务实践。

2. 调查了解代表空气质量情况的各项指标及 $PM_{2.5}$ 浓度对应指数等级，为后续学习做好信息储备。

3. 为“$PM_{2.5}$ 数据初探秘”主题内容学习准备实验环境。

**项目过程**

在学习本章内容的同时开展项目活动。为了保证本项目顺利完成，要在以下各阶段检查项目的进度：

1. 初步认识数据，对数据进行存储与读取；小组讨论并制定项目规划，包括项目目标和路径等。

2. 了解数据的特征，选择合适的方法编写程序对数据进行分析，得到相应的统计量值。

3. 选择合适的可视化方法，将分析结果可视化，根据数据分析结果撰写一份简短的关于环境保护的分析报告。

**项目总结**

完成“$PM_{2.5}$ 数据初探秘”项目，对数据分析结果进行展示交流与评价。掌握数据存储、统计分析与可视化的相关方法，初步具备全过程数据分析能力。

# 3.1　计算机中的数据

## 学习目标

- 理解数据与信息的概念，能够举例说明两者的区别与联系；
- 了解数字化存储的意义，了解数据在计算机中的存储形式；
- 掌握初步使用数组对数据进行存储和简单处理的方法。

## 体验与探索

### 计算机中的数据表达

伴随着数据的积累，对数据进行分析挖掘，发现数据背后的知识变得越来越重要。天气数据就是众多数据中的一类，铭铭同学最近学习了天气的相关知识后，开始关注天气的相关信息。通过天气预报网站，他获得了所在城市的天气数据。通过观察数据，铭铭发现数据中除了“时间”以外，还包含多项指标，比如“$PM_{2.5}$”“$PM_{10}$”“温度”“风速”等，如图 3－1－1 所示。

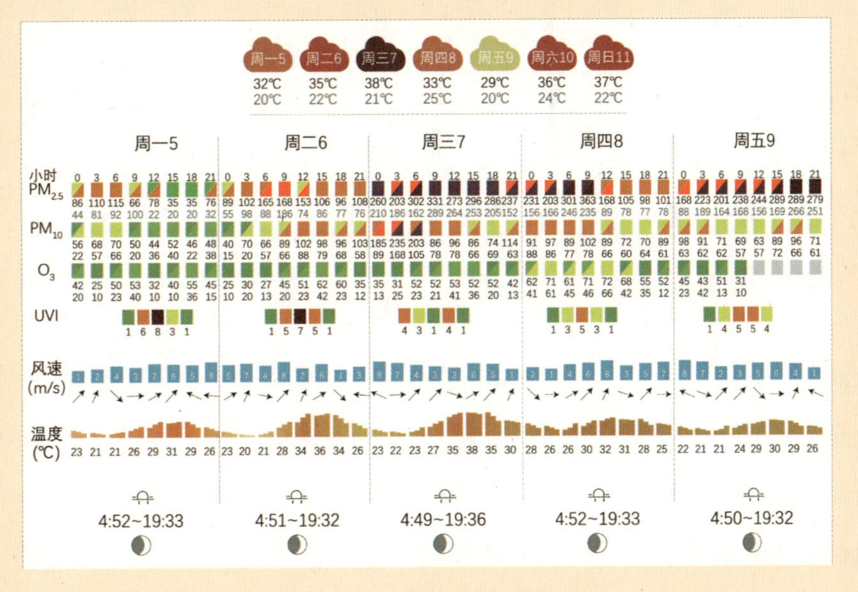


图 3－1－1　天气相关数据预报

获取每日的天气数据对于保障合理出行具有重要意义，比如根据空气质量指数中 $PM_{2.5}$ 浓度数据决定是否利于出行，或者出行时是否有必要佩戴口罩。

**思考** 1. 为了更好地制订出行计划，你会关注哪些天气数据？试加以说明。

2. 日常生活中你还接触过什么类型的数据？数据是通过什么数据结构存储在计算机中的？

### 3.1.1 什么是数据

描述空气质量情况的指标有很多，比如细颗粒物（$PM_{2.5}$）、可吸入颗粒物（$PM_{10}$）、臭氧（$O_3$）、二氧化硫（$SO_2$）、二氧化氮（$NO_2$）等。表 3-1-1 记录了 A 市某日部分时段空气质量监测情况。

表 3-1-1 A 市某日部分时段空气质量

| 时间 | $PM_{2.5}$（$\mu g/m^3$） | | |
|---|---|---|---|
| | 测点 1 | 测点 2 | 测点 3 |
| 2015-2-2 5时 | 220 | 251 | 132 |
| 2015-2-2 6时 | 116 | 127 | 81 |
| 2015-2-2 7时 | 89 | 86 | 80 |
| 2015-2-2 8时 | 90 | 77 | 77 |
| 2015-2-2 9时 | 92 | 92 | 91 |
| 2015-2-2 10时 | 114 | 110 | 110 |

表中这些记录不同空气质量指标的数字，称为数据。数据是指对客观事件进行记录并可以鉴别的符号，是对客观事物的性质、状态以及相互关系等进行记载的物理符号或这些物理符号的组合。

计算机中的数据不仅指狭义上的数字，还可以是汉字、字母、符号、图形、图像、视频、音频等。移动互联网时代的到来加速了数据的产生，拍照、录像、社交聊天、搜索浏览等均产生了大量的数据。图 3－1－2 展示了存储在计算机中的各种不同类型的数据。

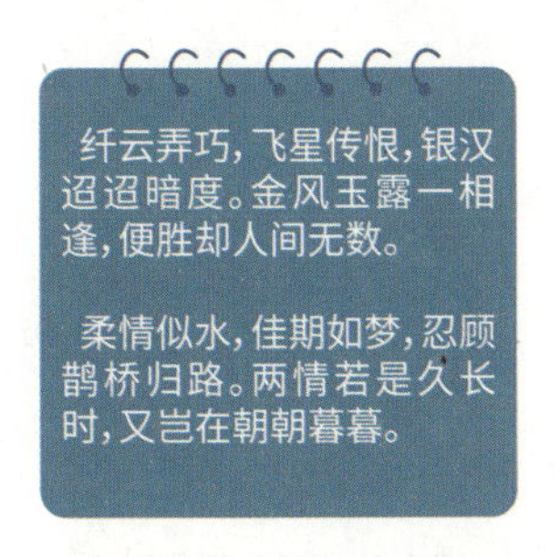


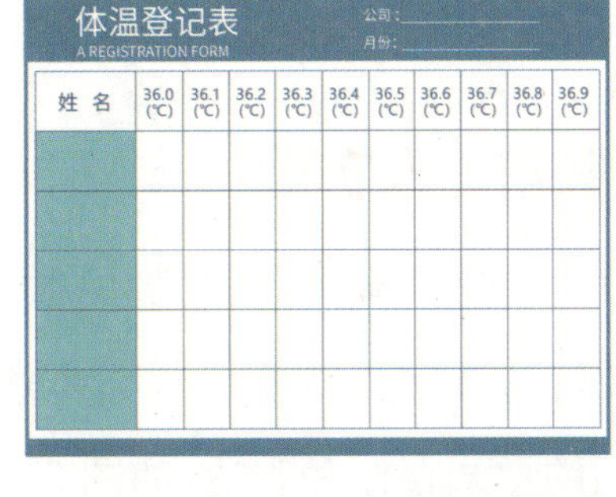

图 3－1－2　计算机中的各种类型数据

数据是客观事物属性、数量、位置及其相互关系的抽象表示。例如，“0、1、2”“阴、雨、晴、气温”“学生的档案记录、货物的运输情况”等都是数据。

数据能够描述事物特征，例如 $PM_{2.5}$、$PM_{10}$ 等数据能够描述空气质量；频率、振幅等数据能够描述声音。描述事物特征的一系列数据形成了数据集。数据集被广泛应用于各行各业，深刻影响着行业的发展和社会的进步。

为什么数据有如此重要的意义呢？因为数据是信息的载体，数据的背后蕴含着信息。数据通常是对既有现象的观察，一些未加工的原始数据，它的含义通常难以理解。例如，数据“1093519423”就很难判断它的含义，当这组数据以表 3－1－2 的方式呈现时，就能判断出它表示的是某个时刻各项空气质量信息。信息是依附文字、图像和音频等载体，通过各种渠道进行传播，使信息获取者能够了解情况并做出决策的内容。

表 3-1-2　某时刻各项空气质量数据

| 时间 | 细颗粒物（$\mu g/m^3$） | 可吸入颗粒物（$\mu g/m^3$） | 臭氧（$\mu g/m^3$） | 风速（m/s） | 温度（℃） |
|---|---|---|---|---|---|
| 0时 | 109 | 35 | 19 | 4 | 23 |

### 3.1.2　数据的数字化

数据是信息的载体，采集到的数据经过加工处理之后，就成为信息；而信息需要经过数字化转变成数据才能存储和传输。在计算机中，数据只能以二进制的形式存储和表达，如图 3-1-3 所示。因此，为了便于计算机进行信息处理，任何承载信息的数据都需要数字化为二进制的形式。

图 3-1-3　计算机中二进制数据示意图

所谓数字化，就是将复杂多样的事物特征转化为计算机可处理对象的过程（即二进制的形式）。计算机作为数据处理的工具，无论处理文本、图像、声音、视频，还是其他形式的数据，都需要转化为二进制形式的编码。

阅读拓展

## 声音、图像的数字化

### 声音的数字化

物理学认为声音是一种波，声波的振幅大小代表声音响度的强弱，声波的频率代表声音音调的高低。通过采集设备采集的声音信号是一种连续的模拟信号，应用计算机存储和处理声音时，需要将声波的模拟信号转换为数字信号，即声音的数字化。声音数字化的处理过程如下：首先，按照一定的时间间隔进行采样，采集声波的振幅；然后，对采样获得的振幅数值进行分级量化，即将采样值转变为最接近的数字值(经过这一步原本连续变化的值被近似地表示为有限个数的数值，实现了离散化)；最后，将量化后的数据转换成二进制数表示的数据，形成二进制编码。声音数字化过程，即采样、量化与编码的示意图如图 3-1-4 所示。

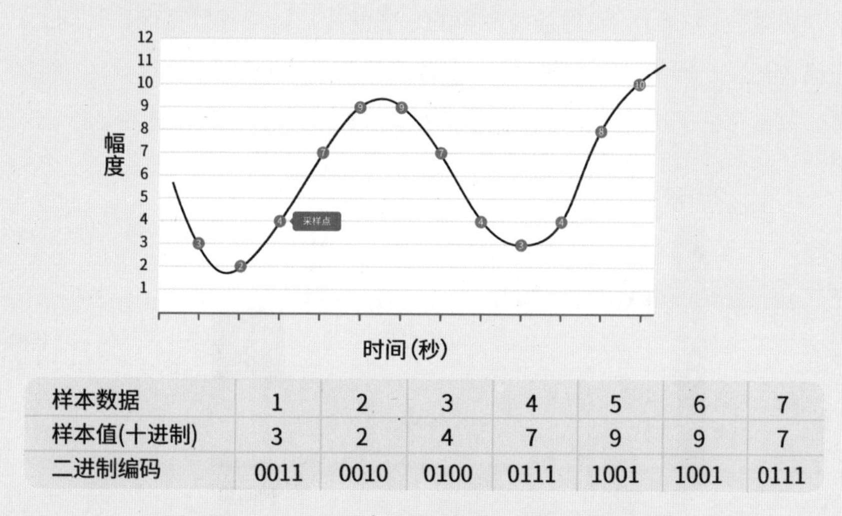


| 样本数据 | 1 | 2 | 3 | 4 | 5 | 6 | 7 |
|---|---|---|---|---|---|---|---|
| 样本值(十进制) | 3 | 2 | 4 | 7 | 9 | 9 | 7 |
| 二进制编码 | 0011 | 0010 | 0100 | 0111 | 1001 | 1001 | 0111 |

图 3-1-4　声音的采样、量化与编码

### 图像的数字化

图像是自然界景物的客观反映，图像中蕴含了连续变化的色彩与亮度等数据。应用计算机存储和处理图像时，同样需要将图像的模拟信号转换为数字信号。图像在二维坐标和色彩上是连续的，为了将它转换为离散的二进制形式，必须在各个维度上进行离散采样、量化和二进制编码，如图 3-1-5 所示，图中展示了对一个连续灰度图像进行采样和量化的过程示意图。

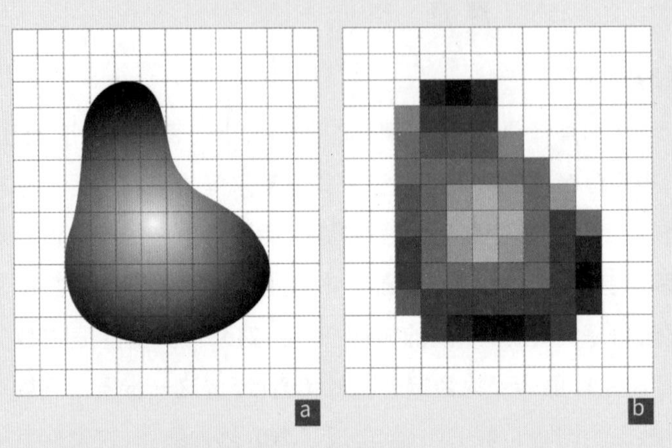


图 3-1-5　灰度图像的采样和量化

如图 3-1-6 所示，对连续图像的采样就是把一幅连续图像在空间上分割成 M×N 个网格，每个网格用一个数值来表示，一个网格称为一个像素。再通过量化把采样点上对应的亮度连续变化区间转换为离散的特定数码。

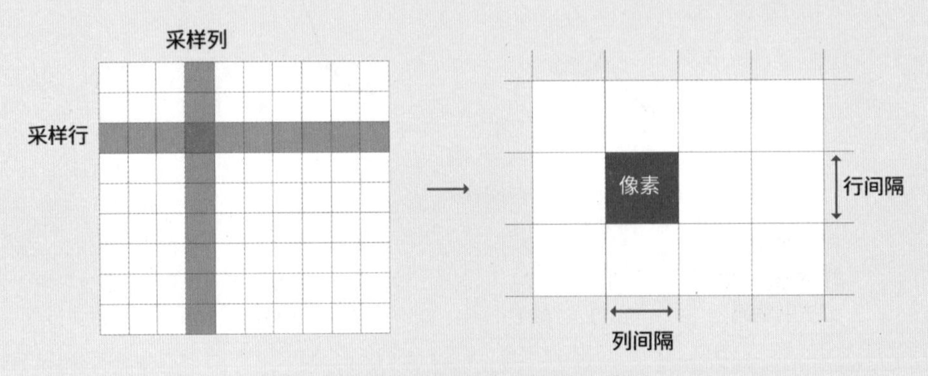


图 3-1-6　连续图像采样示意图

如图 3-1-7 所示，量化后图像被表示成一个整数矩阵。每个像素具有两个属性：位置和灰度。位置由行、列表示；灰度由该像素位置上亮暗程度的整数表示，灰度级一般为 0—255。这样，数字化后的图像可以用数字进行编码表示，从而完成图像在计算机中存储和表达。

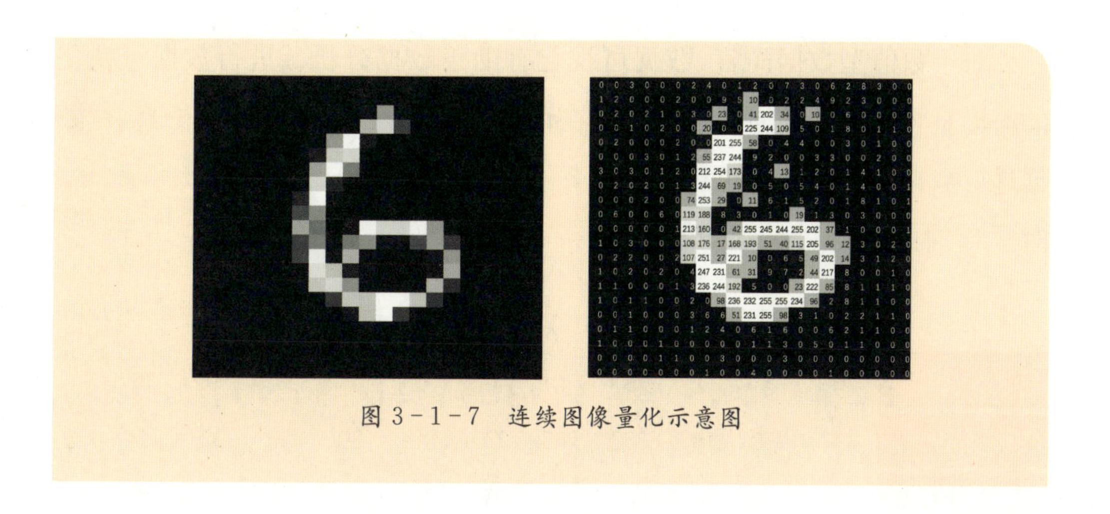

图 3-1-7　连续图像量化示意图

### 3.1.3　使用数组存储数据

如图 3-1-8 所示，展示了 2015 年 2 月 2 日 A 市 0 时至 23 时空气中 $PM_{2.5}$ 浓度的变化情况。由图可知，凌晨 3 点的 $PM_{2.5}$ 浓度高于其他时间。

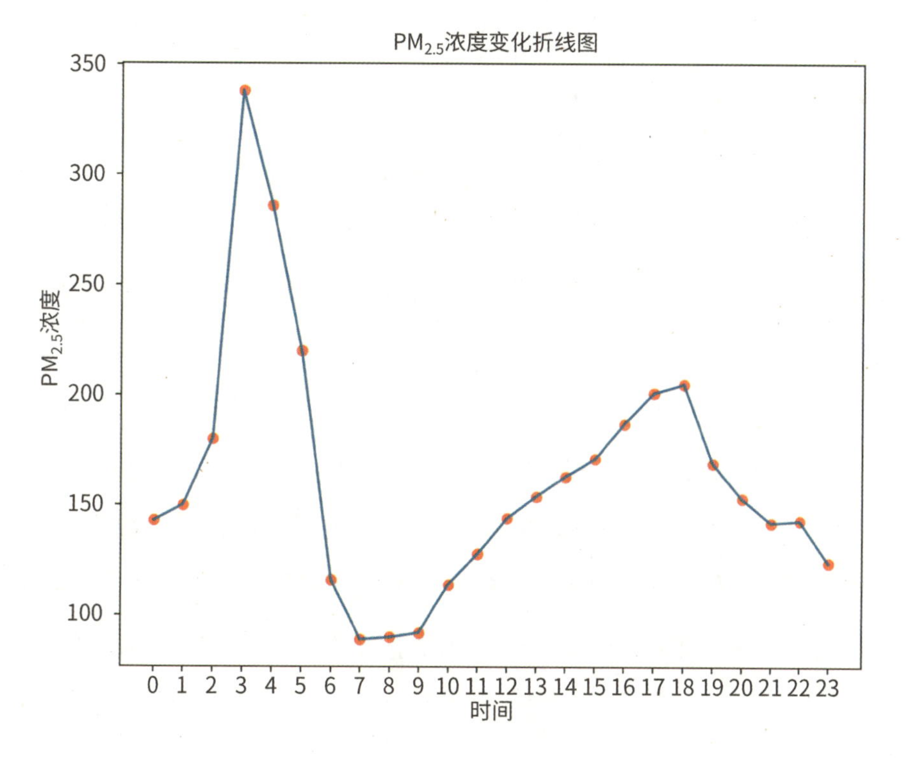


图 3-1-8　$PM_{2.5}$ 浓度变化折线图

对于数值型数据而言，数据可视化有助于数据分析。进行数据可视化的前提是将采集到的原始数据存储在计算机中，然后借助计算机工具，对数据进行数据分析和数据可视化。表3-1-3记录了2015年2月2日A市0时—23时的原始$PM_{2.5}$浓度数据。

表3-1-3　2015年2月2日A市$PM_{2.5}$浓度变化表

| 时间(时) | 0 | 1 | 2 | 3 | 4 | 5 | 6 | 7 | 8 | 9 | 10 | 11 |
|---|---|---|---|---|---|---|---|---|---|---|---|---|
| $PM_{2.5}$($\mu g/m^3$) | 143 | 150 | 180 | 338 | 286 | 220 | 116 | 89 | 90 | 92 | 114 | 128 |
| 时间(时) | 12 | 13 | 14 | 15 | 16 | 17 | 18 | 19 | 20 | 21 | 22 | 23 |
| $PM_{2.5}$($\mu g/m^3$) | 144 | 154 | 163 | 171 | 187 | 201 | 205 | 169 | 153 | 142 | 143 | 124 |

表中的数据可以使用一种称为“数组”的数据结构进行存储。如图3-1-9所示，数组PM中存储了表3-1-3中的数据。

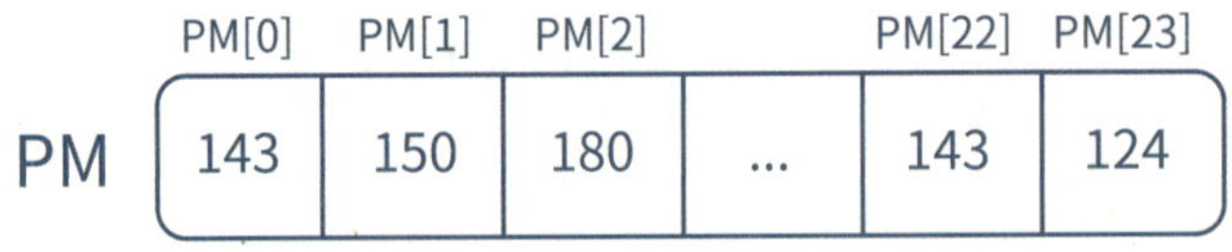

| | PM[0] | PM[1] | PM[2] | | PM[22] | PM[23] |
|---|---|---|---|---|---|---|
| PM | 143 | 150 | 180 | ... | 143 | 124 |

图3-1-9　PM数组存储示意图

通过数组的下标，可以读取数组中对应位置的元素。比如PM[0]代表读取数组PM中下标为0的元素，即143；PM[23]代表获取下标为23时数组PM中的元素，即124。

在数据存储和表示中，数组发挥着不可替代的作用。所谓数组，是有序的数序列。组成数组的各个变量称为数组的元素；用于区分数组的各个元素的数字编号称为下标，数组的下标通常从0开始。在原生的Python环境中，没有数组这种结构，Python中的列表是与数组类似的数组结构。

**思考活动**

## 如何存储多维数据

表 3-1-3 中仅包括一个时间维度的数据，如果表格中有多个维度的数据该如何存储呢？如表 3-1-4 所示，表中记录了 2015 年 2 月 2 日 A、B 和 C 三个城市 $PM_{2.5}$ 浓度数据。这个数据表中包含时间与城市两个维度的数据，那么这些数据如何存储到数组中呢？

表 3-1-4　2015 年 2 月 2 日 A 市、B 市、C 市 $PM_{2.5}$ 数据

| 城市 / 时间(时) | A 市 $PM_{2.5}$ ($\mu g/m^3$) | B 市 $PM_{2.5}$ ($\mu g/m^3$) | C 市 $PM_{2.5}$ ($\mu g/m^3$) |
|---|---|---|---|
| 0 | 143 | 30 | 57 |
| 1 | 150 | 37 | 48 |
| 2 | 180 | 36 | 52 |
| 3 | 338 | 33 | 57 |
| 4 | 286 | 32 | 62 |
| 5 | 220 | 36 | 55 |
| 6 | 116 | 36 | 56 |
| 7 | 89 | 29 | 58 |
| 8 | 90 | 27 | 56 |
| 9 | 92 | 29 | 54 |
| 10 | 114 | 32 | 51 |
| 11 | 128 | 33 | 55 |
| 12 | 144 | 35 | 54 |
| 13 | 154 | 34 | 61 |
| 14 | 163 | 32 | 59 |
| 15 | 171 | 31 | 65 |
| 16 | 187 | 35 | 68 |
| 17 | 201 | 32 | 74 |

（续表）

| 时间(时) \ 城市 | A市 $PM_{2.5}$($\mu g/m^3$) | B市 $PM_{2.5}$($\mu g/m^3$) | C市 $PM_{2.5}$($\mu g/m^3$) |
|---|---|---|---|
| 18 | 205 | 34 | 72 |
| 19 | 169 | 30 | 79 |
| 20 | 153 | 32 | 95 |
| 21 | 142 | 23 | 97 |
| 22 | 143 | 30 | 95 |
| 23 | 124 | 35 | 96 |

事实上，数组是可以嵌套的。通过数组的嵌套，可以实现多维数据的存储和表达。其中，二维数组在计算机中最为常见。二维数组是以数组作为元素的数组，即“数组的数组”。例如，一个英文句子由单词组成，单词由字母组成，如图 3－1－10 所示，图中展示了以字母为元素，使用二维数组对一句话的存储，其中句子是以单词为元素的数组，而单词是以字母为元素的数组。

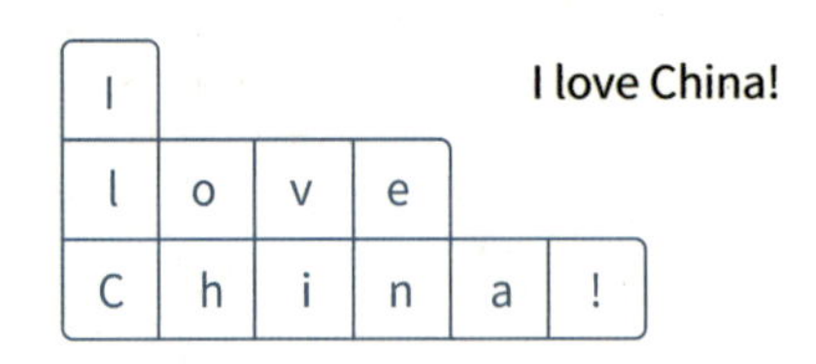


图 3－1－10　文本数据的数组存储

为了存储表 3－1－4 中时间和城市两个维度的数据，需要采用二维数组结构，如图 3－1－11 所示，表中的数据存储在二维数组 PM 中。

在二维数组 PM 中，城市为第二个维度，下标 0 表示 A 城市，下标 1 表

| | PM[][0] | PM[][1] | PM[][2] | | PM[][22] | PM[][23] |
|---|---|---|---|---|---|---|
| A市PM[0] | 143 | 150 | 180 | … | 143 | 124 |
| B市PM[1] | 30 | 37 | 36 PM[1][2] | … | 30 | 35 |
| C市PM[2] | 57 | 48 | 52 | … | 95 | 96 |

图 3 - 1 - 11　二维数组 PM 存储示意图

示 B 城市，下标 2 表示 C 城市；时间是数组的第二个维度，0—23 表示该维度的下标。这样，就完成了对表 3 - 1 - 4 中数据的存储。

将现实生活中的数据数字化并存储在计算机中具有重要的意义。当数据量较大时，可以利用计算机计算速度快的优势，对数据进行数据统计分析，从而挖掘数据背后的信息。比如，应用计算机分析 2015 年 2 月 2 日 A、B、C 三地 $PM_{2.5}$ 浓度数据，可以知道不同城市 $PM_{2.5}$ 污染程度的差异。进一步地，当环境数据的数量大且维度较广时，可以统计分析多维数据之间的联系，得到环境变化的原因与联系，为制定保护环境的决策提供参考依据。

**阅读拓展**

**视频是由图像组成的数组**

视频其实并不是连续变化的，而是由一系列静态图像按次序播放形成的。大脑神经在接收光信号时，视觉形象会残留一小段时间。当图像的变化速度超过每秒 24 帧时，人就会觉得画面是连续的。所以说，视频的本质是由图像组成的，可以理解为是一个由图像构成的数组。而图像是由像素值构成的二维数组，因此视频可以使用一个以像素为元素的三维数组表示。如图 3 - 1 - 12 所示，图中展示了一段视频中的某几帧图像。

图 3-1-12　视频中的几帧图像

阅读拓展

### Python 的第三方库 NumPy 与 Pandas

NumPy(Numerical Python)是 Python 一个重要的扩展程序库，支持高维度数组与矩阵的存储与运算。NumPy 中提供了强大的数组对象，称为 Ndarrary。Ndarrary 对象是用于存放同数据类型元素的一维或多维数组。虽然 Python 原生的列表可以存放不同数据类型的元素，而 NumPy 仅能存放同数据类型元素，但是在批量操作数组元素时，Ndarrary 比 Python 原生列表速度更快。同时针对 Ndarrary 对象，NumPy 库中提供了大量的函数和运算符。

例如，使用 NumPy 创建一个 3 行 24 列的二维数组，初始时数组中的每一个元素为 0，代码如下：

```
import numpy # 引入NumPy包
PM = numpy.zeros([3, 24])  # 创建3行24列的二维存储空间
```

Pandas 是基于 NumPy 的一种工具，该工具是为了解决数据分析任务

而创建的。Pandas 纳入了大量库和一些标准的数据模型，提供了高效地操作大型数据集所需的工具。Pandas 库主要的数据类型有两种：Series 是一维数据结构，用法与列表类似；DataFrame 是二维数据结构，表格即为一种 DataFrame 结构。创建 DataFrame 的语法为：

```
import pandas as pd # 引入Pandas包

# 创建DataFrame的伪代码
变量名 = pd.DataFrame(数据类型)
```

其中“数据类型”有多种形式，例如，创建一个包含五个城市以及三个测点 $PM_{2.5}$ 数据的 DataFrame，详见代码清单 3-1-1。

代码清单 3-1-1　DataFrame 代码应用示例

```
import pandas as pd  # 引入Pandas包

data = [[92, 92, 91], [29, 26, 24],
    [54, 52, 79], [53, 52, 79], [273, 258, 225]]
indexes = ['A市', 'B市', 'C市', 'D市', 'E市']
columns = ['PM2.5测点1', 'PM2.5测点2', 'PM2.5测点3']
df = pd.DataFrame(data, index = indexes, columns = columns)  # 创建DataFrame
```

生成的 DataFrame 如图 3-1-13 所示。

| 城市 | $PM_{2.5}$测点1 | $PM_{2.5}$测点2 | $PM_{2.5}$测点3 |
|---|---|---|---|
| A市 | 92 | 92 | 91 |
| B市 | 29 | 26 | 24 |
| C市 | 54 | 52 | 79 |
| D市 | 53 | 52 | 79 |
| E市 | 273 | 258 | 225 |

图 3-1-13　五个城市 $PM_{2.5}$ 数据的 DataFrame

读取 DataFrame 中某一列的语法：

```
df['PM2.5测点1'] # df['列标题']
```

读取 DataFrame 中某几列的语法：

```
df[['PM2.5测点1', 'PM2.5测点2']]  # df[['列标题1','列标题2',......]]
```

将 Pandas 的 DataFrame 转化为 NumPy 二维数组的语法：

```
np_array = df.values # 将Pandas的DataFrame转化为NumPy二维数组
```

转换前后数据格式效果如图 3－1－14 所示。

| 城市 | $PM_{2.5}$测点1 | $PM_{2.5}$测点2 | $PM_{2.5}$测点3 |
| --- | --- | --- | --- |
| A市 | 92 | 92 | 91 |
| B市 | 29 | 26 | 24 |
| C市 | 54 | 52 | 79 |
| D市 | 53 | 52 | 79 |
| E市 | 273 | 258 | 225 |

```
array([[92, 92, 91],
       [29, 26, 24],
       [54, 52, 79],
       [53, 52, 79],
       [273, 258, 225]])
```

图 3－1－14　DataFrame 转化为 NumPy 二维数组

**实践活动**

### 将 $PM_{2.5}$ 数据表中某城市某日数据存储在数组中

为了对比分析某日 A 市、B 市、C 市 3 个城市 $PM_{2.5}$ 数据情况，读取 $PM_{2.5}$ 原始数据，提取 2015 年 2 月 2 日 3 个城市 $PM_{2.5}$ 观测点 1 的 $PM_{2.5}$ 数据，并存入数组。

请同学们编写程序完成如下任务：

1. 将 2015 年 2 月 2 日 A 市、B 市、C 市三地观测点 1 的 $PM_{2.5}$ 数据存储在数组中；

2. 打印输出 3 个城市下午 5 时的 $PM_{2.5}$ 数据。

**项目实施**

**$PM_{2.5}$ 数据的存储和读取**

**一、项目活动**

对比探索 5 个城市的空气质量情况。读入原始数据集，提取 2015 年某日数据，并将该日 5 个城市的 $PM_{2.5}$ 数据存储到数组中，为使用计算机进行数据分析做准备。尝试编写程序，分别找出该日 5 个城市的 $PM_{2.5}$ 的最高值。

**二、项目检查**

编写程序，初步实现数据的读取与存储，运行程序测试程序是否满足既定功能。

**练习与提升**

1. 在本节的学习中，对 2015 年 2 月 2 日多个城市 $PM_{2.5}$ 的数据进行了简单的处理。联想本节学习的数据与信息的关系，结合本节项目任务，说一说哪些属于数据，哪些属于信息以及数据与信息的关系。
2. 假如现在需要记录 A 市未来 7 天的温度、湿度、风速及 $PM_{2.5}$ 的浓度，试着设计一个数组来存储这些数据。将你设计的数组，以类似于图 3-1-11 的样式绘制出来。

# 3.2　数据处理

**学习目标**

- 理解数据与信息的概念，能够举例说明两者的区别与联系；
- 理解数据特征的概念，掌握常见的数据统计特征的计算方式；
- 能够合理利用编程工具进行数据的简单分析。

**体验与探索**

**数据蕴含的信息**

在对各地环境数据进行初步观察的过程中，铭铭发现这些数据中具备一些规律。比如，每日 24 小时内，A 市、B 市、C 市的 $PM_{2.5}$ 浓度变化有着明显的差异。联想到现在日益严峻的生态环境，这激发了铭铭进一步探索的兴趣。找出这些差异是否可以为各地空气治理提供信息呢？想到这，铭铭开始对数据进行进一步处理分析，并得到了一些数据图表，如图 3-2-1 所示。

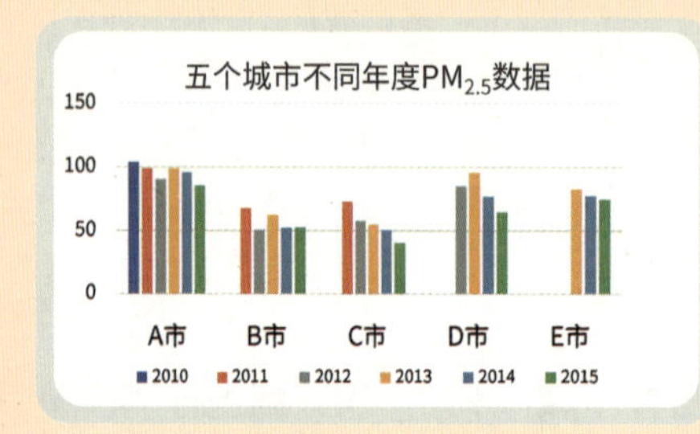


| 城市＼年 | 2010 | 2011 | 2012 | 2013 | 2014 | 2015 |
|---|---|---|---|---|---|---|
| A市 | 104 | 99.09 | 90.54 | 99.15 | 95.87 | 85.38 |
| B市 | NaN | 68.09 | 50.86 | 62.75 | 52.6 | 52.89 |
| C市 | NaN | 73.11 | 57.75 | 55.28 | 50.65 | 40.44 |
| D市 | NaN | NaN | 84.99 | 95.87 | 76.89 | 64.56 |
| E市 | NaN | NaN | NaN | 82.79 | 77.44 | 74.85 |

| 城市＼月 | 1 | 2 | 3 | 4 | 5 | 6 | 7 | 8 | 9 | 10 | 11 | 12 |
|---|---|---|---|---|---|---|---|---|---|---|---|---|
| A市 | 111.7 | 118.3 | 95.04 | 82.09 | 76.26 | 89.96 | 89.03 | 74.97 | 77.59 | 112.5 | 110.1 | 108.7 |
| B市 | 80.87 | 58.05 | 60.26 | 56.34 | 54.55 | 45.27 | 37.49 | 30.58 | 34.79 | 44.04 | 65.5 | 88.68 |
| C市 | 80.57 | 57.3 | 48.66 | 65.13 | 47.07 | 33.74 | 27.78 | 39.93 | 41.64 | 61.12 | 52.67 | 62.55 |
| D市 | 162.8 | 107.4 | 95.21 | 69.07 | 66.26 | 48.18 | 48.93 | 57.19 | 56.24 | 80.92 | 74.36 | 110.6 |
| E市 | 140.5 | 102.4 | 80.08 | 64.85 | 54.8 | 49.54 | 45.66 | 45.83 | 44.85 | 90.07 | 111.4 | 110.5 |

图 3-2-1　5 个城市 $PM_{2.5}$ 数据情况

**思考**　1. A、B、C、D、E 5 个城市，哪个城市 $PM_{2.5}$ 污染最严重？

2. 如何处理可以得到一个 $PM_{2.5}$ 数据，并代表该城市某段时间的 $PM_{2.5}$ 污染情况？

## 3.2.1　数据处理的流程

数据背后蕴含着丰富的信息，对数据进行处理，有助于进一步挖掘数据中包含的信息，对于生产生活具有重要的意义。比如，收集空气质量情况，然后对数据进行分析，有助于找到治理空气的有效方法。

数据处理一般指对数据进行采集、整理、分析和可视化表达的过程。数据采集，即根据需求采用适当的方法和工具获取所需要的数据；数据整理，即对采集的数据进行初步校验处理的过程，对数据中可能的缺失、重复、错误等情况进行整理；数据分析，即选择适当的分析方法和工具，对整理后的数据进行分析研究，从中挖掘有价值的信息；可视化表达，即运用合适的图形可视化方法将分析结果呈现出来，便于读者理解。

对于数据采集来说，在传统时代，研究者常常通过观察、实验、手工记录等方式得到数据，然后将数据手工录入到计算机中进行数据处理分析。随着互联网、物联网技术的发展，目前最常用的数据采集方法是应用传感器或者借助网络采集数据。

(1) 应用传感器采集数据

传感器是一种能感受到被测量的信息并按照一定的规律转换成可用信号的检测装置。常用的传感器包括温度传感器、气体传感器、压力传感器等，传感器可以持续不断地采集数据。比如，$PM_{2.5}$ 传感器可以用来检测周围空气中的颗粒物浓度，压力传感器可以记录道路上车辆的通行数据。

图 3-2-2　传感器采集数据

（2）借助网络采集数据

除此之外，互联网正在成为获取数据的主要来源，互联网上有许多免费开放的数据服务，用户可以通过应用程序接口（API）获取这类数据。比如，国家气象信息中心网站提供了气象数据 API 服务，用户根据 API 调用规则可以获取气象数据。除了在提供 API 服务的网站获取数据以外，还可以借助网络爬虫来获取互联网上的数据。网络爬虫是一种按照特定规则，自动抓取网页中数据的程序，如图 3-2-3 所示。

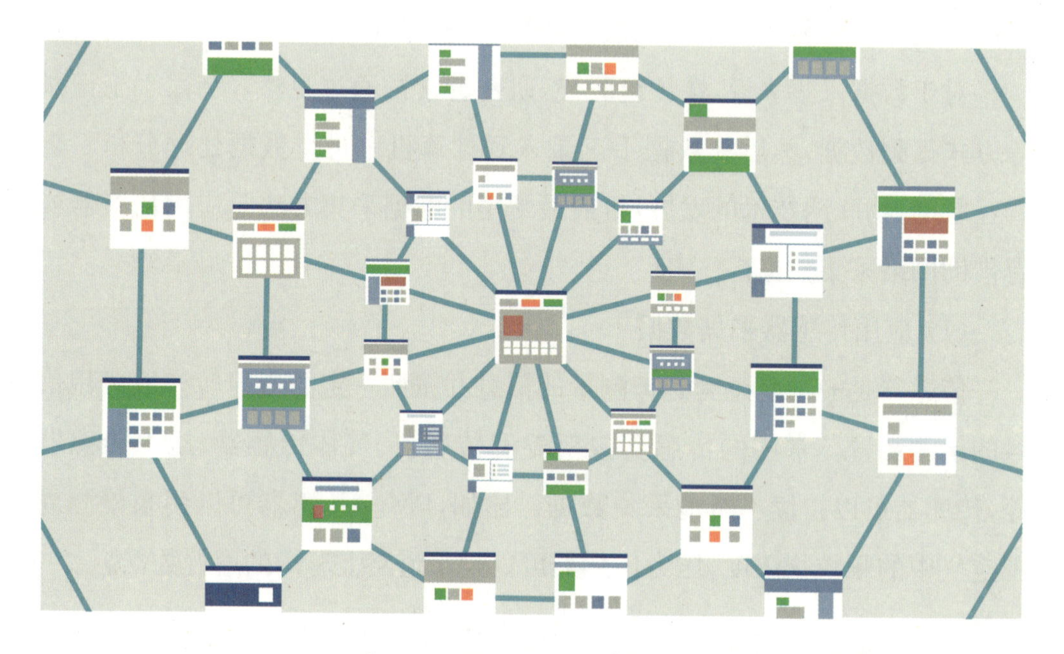

图 3-2-3　网络爬虫采集数据

**阅读拓展**

**数据整理**

数据整理，即对采集的数据进行初步校验处理的过程，对数据中可能的缺失、重复、错误等情况进行整理。通常，将初步采集到可能存在问题的原始数据称为“脏数据”。开始数据分析之前，需要保证待处理数据的质量，保证数据的完整性、统一性和准确性。其中，完整性是指需要对数据缺失的情况进行整理；统一性要求数据符合统一的标准；准确性要求数据不能出现明显错误。如图 3-2-4 所示，图中展示了原始数据中存在的一些问题。

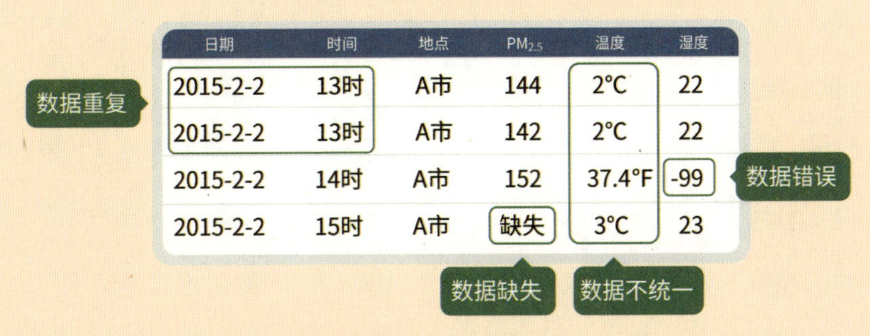


图 3-2-4　待整理的“脏数据”

数据整理就是通过去重、补漏和勘误等方法，删除重复数据、补全缺失数据和校正错误数据，并对数据进行统一性和标准化处理，将“脏数据”变为“清洁数据”，为后续数据分析和可视化做准备。

## 3.2.2　数据的特征

数据中蕴含着丰富的信息，数据是信息社会的生产原料，从数据中挖掘有价值的信息能最大化地发挥数据的作用。观察表 3-2-1，表中记载了 A、B、C 3 个城市 2015 年 2 月 2 日 0—23 时的 $PM_{2.5}$ 数据。

表 3-2-1　A、B、C 三地某日各时段 $PM_{2.5}$ 浓度数据表

| 序号 | 年 | 月 | 日 | 时 | A | B | C |
|---|---|---|---|---|---|---|---|
| 1 | 2015 | 2 | 2 | 0 | 148 | 30 | 54 |
| 2 | 2015 | 2 | 2 | 1 | 185 | 37 | 52 |
| 3 | 2015 | 2 | 2 | 2 | 283 | 36 | 57 |

（续表）

| 序号 | 年 | 月 | 日 | 时 | A | B | C |
|---|---|---|---|---|---|---|---|
| 4 | 2015 | 2 | 2 | 3 | 266 | 33 | 58 |
| 5 | 2015 | 2 | 2 | 4 | 225 | 32 | 57 |
| 6 | 2015 | 2 | 2 | 5 | 132 | 36 | 54 |
| 7 | 2015 | 2 | 2 | 6 | 81 | 36 | 55 |
| 8 | 2015 | 2 | 2 | 7 | 80 | 29 | 52 |
| 9 | 2015 | 2 | 2 | 8 | 77 | 27 | 48 |
| 10 | 2015 | 2 | 2 | 9 | 91 | 29 | 51 |
| 11 | 2015 | 2 | 2 | 10 | 110 | 32 | 56 |
| 12 | 2015 | 2 | 2 | 11 | 116 | 33 | 56 |
| 13 | 2015 | 2 | 2 | 12 | 133 | 35 | 57 |
| 14 | 2015 | 2 | 2 | 13 | 144 | 34 | 63 |
| 15 | 2015 | 2 | 2 | 14 | 152 | 32 | 66 |
| 16 | 2015 | 2 | 2 | 15 | 167 | 31 | 64 |
| 17 | 2015 | 2 | 2 | 16 | 182 | 35 | 65 |
| 18 | 2015 | 2 | 2 | 17 | 199 | 32 | 83 |
| 19 | 2015 | 2 | 2 | 18 | 218 | 34 | 87 |
| 20 | 2015 | 2 | 2 | 19 | 162 | 30 | 88 |
| 21 | 2015 | 2 | 2 | 20 | 151 | 32 | 110 |
| 22 | 2015 | 2 | 2 | 21 | 119 | 23 | 99 |
| 23 | 2015 | 2 | 2 | 22 | 135 | 30 | 101 |
| 24 | 2015 | 2 | 2 | 23 | 109 | 35 | 130 |
| $PM_{2.5}$（$\mu g/m^3$） | | | | | | | |

表格中记录了不同时间和不同位置的 $PM_{2.5}$ 浓度数据，表中每行数据表示某个特定时间点不同城市的 $PM_{2.5}$ 数据。通常将表中的一行数据称为

一条记录或者一个样本，样本中包含不同的特征（也称为属性）。对于表 3-2-1 中的一个样本年、月、日、时、A 市 $PM_{2.5}$ 浓度值、B 市 $PM_{2.5}$ 浓度值、C 市 $PM_{2.5}$ 浓度值 7 个属性记为样本数据的 7 个特征。例如，序号 2 的样本，它的特征为（2015，2，2，1，185，37，52）。

对数据进行分析时，可以从行、列两个角度进行。行的角度是基于样本个体的观察。例如，观察表 3-2-1 的某行数据可以发现，同一时刻，A 市的 $PM_{2.5}$ 浓度高于其他城市。据此是否能够得出 A 市的 $PM_{2.5}$ 污染程度相对来说更加严重呢？列的角度是基于数据特征的观察。例如，观察表 3-2-1 中的第 8 列可以发现，C 市不同时段的 $PM_{2.5}$ 污染程度分布情况，其中夜间 23 时达到高峰。

当面对一组真实数据时，相比每一个观测值，有时更加关心能够代表这组数据特征的一些统计值。例如，针对不同城市每日 $PM_{2.5}$ 的污染情况可以从均值、极值、中位数、方差等角度进行统计分析。

（1）统计特征——均值

均值，用于刻画一组数据的平均水平（或中位置）。空气监测站通常每小时记录一次 $PM_{2.5}$ 浓度，如图 3-2-5 所示，展示了 A 市 2015 年 2 月份逐小时 $PM_{2.5}$ 浓度变化情况。

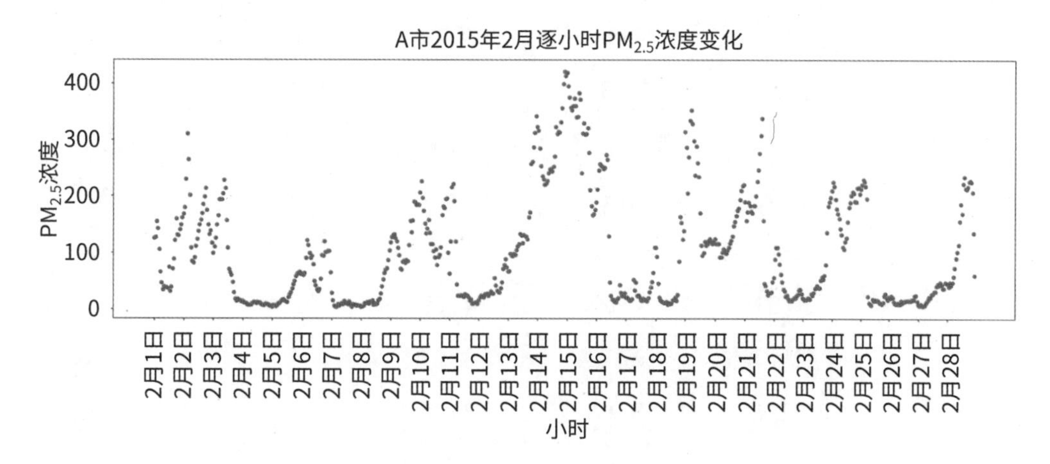


图 3-2-5　A 市 2015 年 2 月份逐小时 $PM_{2.5}$ 浓度变化

当对比分析不同城市某月份 $PM_{2.5}$ 污染情况时，原始数据中的特征不能很好地反映不同城市某个月的综合情况。此时可以计算不同城市 $PM_{2.5}$ 污染数据的月均值。

均值作为一组数据的算术平均值，可以很好地反映这组数据的集中趋势。对于某组数据 $x_1$，$x_2$，…，$x_N$，$x_i$ 表示其中的第 $i$ 个数据，这组数据的均值等于这组数据的和除以数据的个数：

$$\mu=\frac{x_1+x_2+\cdots+x_N}{N}=\frac{\sum_{i=1}^{N}x_i}{N}$$

如表 3-2-2 所示，根据 2015 年 5 个城市每日逐小时的 $PM_{2.5}$ 观测值，得到了 5 个城市 2015 年月均 $PM_{2.5}$ 数据。

表 3-2-2　2015 年 5 个城市月均 $PM_{2.5}$ 浓度数据表

| 地区<br>月份 | A市 | B市 | C市 | D市 | E市 |
|---|---|---|---|---|---|
| 1月 | 112.75 | 84.74 | 69.47 | 126.64 | 122.77 |
| 2月 | 101.58 | 65.55 | 65.67 | 85.56 | 108.20 |
| 3月 | 94.94 | 52.31 | 39.76 | 69.54 | 74.15 |
| 4月 | 80.10 | 54.63 | 42.04 | 55.96 | 65.41 |
| 5月 | 61.24 | 41.69 | 30.29 | 52.74 | 43.69 |
| 6月 | 58.36 | 42.81 | 19.67 | 43.17 | 40.44 |
| 7月 | 57.13 | 38.59 | 25.50 | 44.34 | 40.70 |
| 8月 | 44.54 | 37.31 | 33.84 | 46.32 | 34.82 |
| 9月 | 49.17 | 31.40 | 39.22 | 39.38 | 39.69 |
| 10月 | 76.56 | 45.23 | 43.09 | 66.43 | 69.07 |
| 11月 | 125.77 | 57.72 | 38.67 | 52.44 | 146.78 |
| 12月 | 162.98 | 83.08 | 39.74 | 92.08 | 114.69 |
| $PM_{2.5}$ (μg/$m^3$) | | | | | |

阅读拓展

## 第三方模块中的统计函数

使用计算机编程可以方便快捷地求得一组数据的各种统计特征。NumPy 除了支持创建并使用高维度数组以外，还包括一些常用的统计函数，可以计算一组数据的均值、极差、中位数、方差等统计量，NumPy 中常用的统计函数及参数含义如表 3-2-3 所示。

表 3-2-3　NumPy 常见统计函数

| 函　数 | 功　能 |
| --- | --- |
| numpy.mean() | 计算一组数据的均值 |
| numpy.ptp() | 计算一组数据的极差 |
| numpy.amin() | 计算一组数据的极小值 |
| numpy.amax() | 计算一组数据的极大值 |
| numpy.median() | 计算一组数据的中位数 |
| numpy.var() | 计算一组数据的方差 |
| numpy.std() | 计算一组数据的标准差 |
| numpy.sum() | 计算一组数据的和 |

以表 3-2-2 中的数据为例，数组 pm_data 存储了表中的数据，pm_data 的创建代码见代码清单 3-2-1。

代码清单 3-2-1　pm_data 的创建代码示例

```
import numpy

# pm_data数组中第一行存储的为A市，第二行为B市，第三行为C市，第四行为D市，第五行为E市
pm_data = numpy.array([[112.75, 101.58, 94.94, 80.10, 61.24, 58.36,
57.13, 44.54, 49.17, 76.56, 125.77, 162.98],
                       [84.74, 65.55, 52.31, 54.63, 41.69, 42.81, 38.59,
37.31, 31.40, 45.23, 57.72, 83.08],
```

```
                    [69.47, 65.67, 39.76, 42.04, 30.29, 19.67, 25.50,
33.84, 39.22, 43.09, 38.67, 39.74],
                    [126.64, 85.56, 69.54, 55.96, 52.74, 43.17, 44.34,
46.32, 39.38, 66.43, 52.44, 92.08],
                    [122.77, 108.20, 74.15, 65.41, 43.69, 40.44, 40.70,
34.82, 39.69, 69.07, 146.78, 114.69]])
```

调用 NumPy 库中的 mean( )函数，可以计算数据的均值，A 市、B 市的年均 $PM_{2.5}$ 浓度代码如下：

```
numpy.mean(pm_data[:1])   #求pm_data中第一行A市PM2.5均值
'''
# 结果为：
85.42666666666667   #A市2015年的PM2.5年均结果
'''
numpy.mean(pm_data[1:2])   #求pm_data中第二行B市PM2.5均值
'''
# 结果为：
52.92166666666667   #B市2015年的PM2.5年均结果
'''
```

除了 NumPy 以外，Pandas 库也提供了一系列的统计函数。以表 3-2-2 中的数据为例，应用 Pandas 常用的数据统计函数，同样可以计算统计特征。首先，使用 Pandas 中的 DataFrame 来存储数据（与 NumPy 中的二维数组类似，Pandas 中的 DataFrame 同样存储二维数据），详见代码清单 3-2-2。

代码清单 3-2-2　使用 Pandas 中的 DataFrame 存储数据的代码示例

```
pm_df = pd.DataFrame({'A' : [112.75, 101.58, 94.94, 80.10, 61.24,
58.36, 57.13, 44.54, 49.17, 76.56, 125.77, 162.98],
                     'B' : [84.74, 65.55, 52.31, 54.63, 41.69, 42.81,
38.59, 37.31, 31.40, 45.23, 57.72, 83.08],
                     'C' : [69.47, 65.67, 39.76, 42.04, 30.29, 19.67,
25.50, 33.84, 39.22, 43.09, 38.67, 39.74],
                     'D' : [126.64, 85.56, 69.54, 55.96, 52.74, 43.17,
44.34, 46.32, 39.38, 66.43, 52.44, 92.08],
                     'E' : [122.77, 108.20, 74.15, 65.41, 43.69,
40.44, 40.70, 34.82, 39.69, 69.07, 146.78, 114.69]})
```

以 pm_df 为例，Pandas 中常用的统计函数及参数含义如表 3-2-4 所示。

表 3-2-4　Pandas 常见统计函数

| 函　数 | 功　能 |
| --- | --- |
| pm_df.mean( ) | 计算 df 中每列数据的均值 |
| pm_df.count( ) | 计算 df 中每列数据非空值的个数 |
| pm_df.min( ) | 计算 df 中每列数据的最小值 |
| pm_df.max( ) | 计算 df 中每列数据的最大值 |
| pm_df.median( ) | 计算 df 中每列数据的中位数 |
| pm_df.std( ) | 计算 df 中每列数据的标准差 |
| pm_df.sum( ) | 计算 df 中每列数据的和 |

**实践活动**

### 简 单 统 计

统计 A、B 和 C 3 个城市 2015 年各月的日均 $PM_{2.5}$ 浓度值，并根据"中国 $PM_{2.5}$ 日均浓度对应指数等级标准"计算 $PM_{2.5}$ 日均浓度对应指数等级。中国 $PM_{2.5}$ 日均浓度对应指数等级标准如表 3-2-5 所示。

表 3-2-5　中国 $PM_{2.5}$ 日均浓度对应空气质量等级

| 空气质量指数值 | 对应 PM2.5 日均浓度范围($\mu g/m^3$) | 空气质量等级与分类 |
| --- | --- | --- |
| 0—50 | 0—35 | 一级(优) |
| 51—100 | 36—75 | 二级(良) |
| 101—150 | 76—115 | 三级(轻度污染) |
| 151—200 | 116—150 | 四级(中度污染) |
| 201—300 | 151—250 | 五级(重度污染) |
| 301—400 | 251—350 | 六级(严重污染) |
| 401—500 | 351—500 | |
| > 500 | > 500 | |

*(2) 统计特征——极值、极差

一组数据的极值指的是其中的最大值与最小值，极差指的是最大值与最小值的差。极值反映的是这组数据最极端的情况；极差反映了数据分布的范围。

在进行数据分析时，均值仅能代表平均情况，有时还需要分析数据的最极端情况。例如，在对 $PM_{2.5}$ 的研究分析中，有时需要 $PM_{2.5}$ 污染最严重的情况和一段时间内 $PM_{2.5}$ 数据的波动情况，此时常常需要统计某段时间 $PM_{2.5}$ 数据的极值与极差。

技术支持

**编写程序求解极值极差**

以表 3-2-2 中的数据为例，数组 pm_data 存储了表中的数据。调用 NumPy 库中的 amax( )、amin( )、ptp( )，可以分别计算数据的最大值、最小值和极差，A 市该年度 $PM_{2.5}$ 浓度的极值和极差的代码如下：

```
numpy.amax(pm_data[:1]) # pm_data第一行A市PM2.5最大月均值
'''
# 结果为:
162.98   # A市2015年的PM2.5最大月均值
'''
numpy.amin(pm_data[:1]) # pm_data第一行A市PM2.5最小月均值
'''
# 结果为:
44.54   # A市2015年的PM2.5最小月均值
'''
numpy.ptp(pm_data[:1])  # pm_data第一行A市PM2.5各月极差
'''
# 结果为:
118.44   # A市2015年的PM2.5各月极差
'''
```

* 为选学内容

*(3) 统计特征——中位数

通过统计分析不难发现，数据的均值很大程度上受极值的影响，如图3-2-6所示。

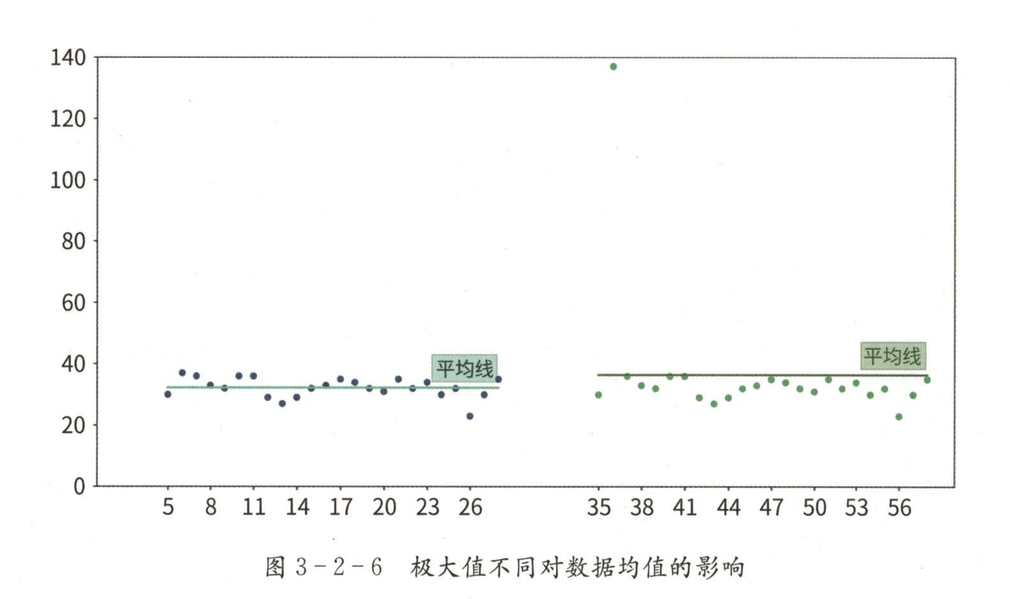


图3-2-6 极大值不同对数据均值的影响

图中的数据如表3-2-6所示，两组数据仅有第二个数据不同，这个不同的数据导致第二组数据中的极大值远大于第一组数据的极大值。

表3-2-6 仅极大值不同的两组数据

| | | | | | | | | | | | | |
|---|---|---|---|---|---|---|---|---|---|---|---|---|
| 第一组数据 | 30 | 37 | 36 | 33 | 32 | 36 | 36 | 29 | 27 | 29 | 32 | 33 |
| | 35 | 34 | 32 | 31 | 35 | 32 | 34 | 30 | 32 | 23 | 30 | 35 |
| 第二组数据 | 30 | 137 | 36 | 33 | 32 | 36 | 36 | 29 | 27 | 29 | 32 | 33 |
| | 35 | 34 | 32 | 31 | 35 | 32 | 34 | 30 | 32 | 23 | 30 | 35 |

由此可知，均值容易受到极值影响，不一定能反映数据的中心位置。此时可以借助中位数来代表一组数据的中心位置。中位数的计算方式为：根据数值的大小对数据进行排序，得到 $x_{i_1}$，$x_{i_2}$，…，$x_{i_N}$；如果 $N$ 是奇数，中位数为排序序列中间位置的数，即 $x_{i_{\frac{N+1}{2}}}$；如果 $N$ 是偶数，则中位数为最中间

位置的两个数的平均值，即 $\frac{x_{i_{\frac{N}{2}}}+x_{i_{(\frac{N}{2}+1)}}}{2}$。对于表 3-2-6 中的两组数据的中位数如图 3-2-7 所示。

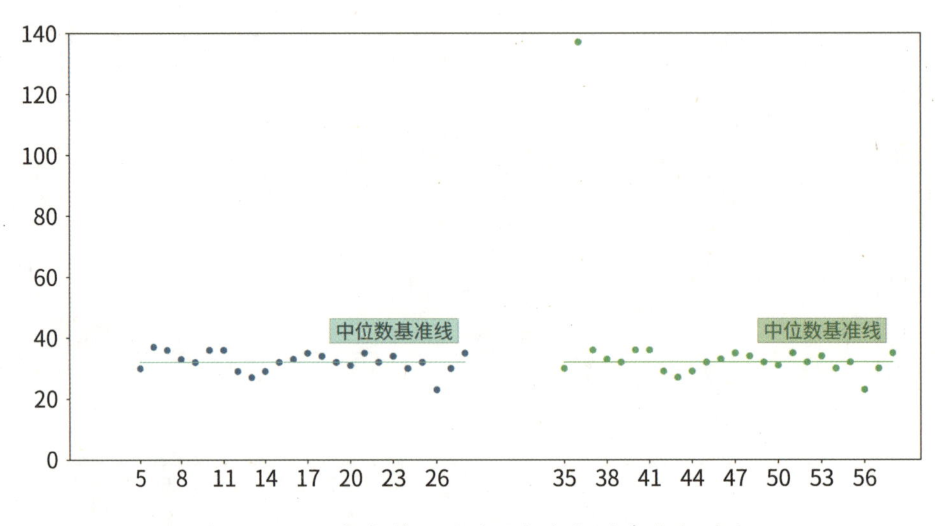


图 3-2-7　极大值不同的两组数据的中位数对比

技术支持

**编写程序求解中位数**

以表 3-2-2 中的数据为例，数组 pm_data 存储了表中的数据。调用 NumPy 库中的 median( )，可以分别计算数据的中位数，A 市该年度 $PM_{2.5}$ 浓度的中位数的代码如下：

```
numpy.median(pm_data[:1]) #pm_data第一行A市PM2.5的中位数
'''
# 结果为:
78.33  #A市2015年的PM2.5中位数
'''
```

*(4) 统计特征——方差与标准差

均值通常反映一组数据的平均状况，具有统计价值。然而有时不同组数据的均值非常接近，但是分析它们的单项数据又相差较大，如表 3-2-7 所示。

表 3-2-7　A、B 两市连续 12 月的 $PM_{2.5}$ 月均数据

| 月份/地区 | 1月 | 2月 | 3月 | 4月 | 5月 | 6月 | 7月 | 8月 | 9月 | 10月 | 11月 | 12月 | 年均值 |
|---|---|---|---|---|---|---|---|---|---|---|---|---|---|
| A | 161.1 | 149.6 | 136.9 | 84.2 | 89.8 | 87 | 84.4 | 86.1 | 89.1 | 142.9 | 180 | 166.3 | 121.45 |
| B | 116.1 | 124.6 | 121.9 | 116.2 | 134.6 | 118 | 123.4 | 117.2 | 119.1 | 123.9 | 124 | 118.4 | 121.45 |

表 3-2-7 中记录了 A、B 两市连续 12 月的 $PM_{2.5}$ 月均数据与年度均值。对比数据可以发现两组数据的年度均值数据相同，但是明显 A 市在 1—4 月、4—9 月、10—12 月间数据波动显著；而 B 市全年各月间数据差别较小，相对平稳。

均值，只能反映一个地区的平均情况，但是均值相同并不代表数据分布完全一致，此时需要统计数据的变化波动。除了极差可以反映一组数据的变化范围及数据的离散程度以外，方差和标准差也可以描述一组数据的离散程度。对于一组数据 $x_1$, $x_2$, …, $x_N$，这组数据的均值为 $\mu$，则方差 $\sigma^2$ 的计算公式如下：

$$\sigma^2=\frac{1}{N}\sum_{i=1}^{N}(x_i-\mu)^2$$

其中方差的平方根 $\sigma$ 为标准差。从公式中可以看出，针对每个样本与平均值进行比较得到了方差，因此方差反映的是数据偏离均值的程度，其值越大代表个体与个体之间的差异越大。如图 3-2-8 所示，A 市的波动比 B 市更大，因此也拥有相对更大的方差。

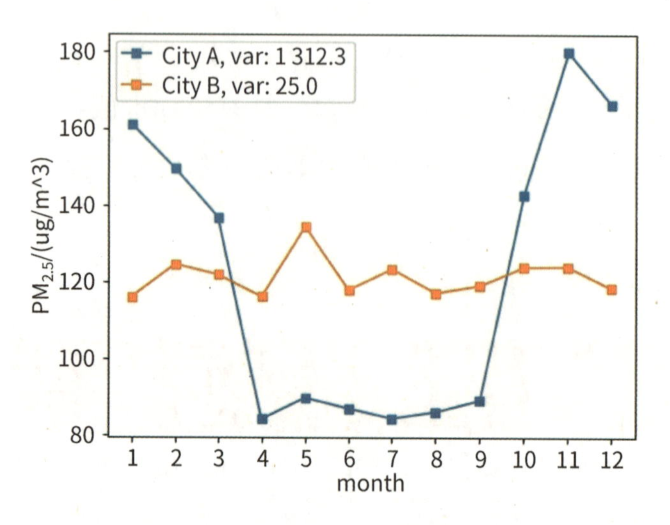


图 3-2-8　A 市、B 市 $PM_{2.5}$ 浓度年度变化情况及方差

**技术支持**

**编写程序求解方差**

以表 3-2-2 中的数据为例，数组 pm_data 存储了表中的数据。调用 NumPy 库中的 var ( )，可以计算数据的方差，A 市该年度 $PM_{2.5}$ 浓度的方差的代码如下：

```
numpy.var(pm_data[:1])   #pm_data第一行A市PM2.5的方差
'''
# 结果为:
1162.6382888888886   #A市2015年的PM2.5方差
'''
```

**阅读拓展**

**统计特性——协方差**

对数据进行统计分析时，除了针对数据表中某个特征属性进行统计分析以外，还经常分析多个不同特征属性之间的关系。比如 A 市 $PM_{2.5}$ 浓度数据与温度或者湿度数据之间的关系。这个时候通常计算两组数据的协方差，协方差是用来分析两组数据的关联程度的统计量。而均值、极值、中位数、方差等数据统计量，只能用来分析给定的一组数据的统计特性。

如图 3-2-9 所示，展示了某日 $PM_{2.5}$ 浓度与湿度数据的关系，图中每一个蓝点代表一条记录，横坐标表示湿度值，纵坐标表示对应的 $PM_{2.5}$ 浓度值。

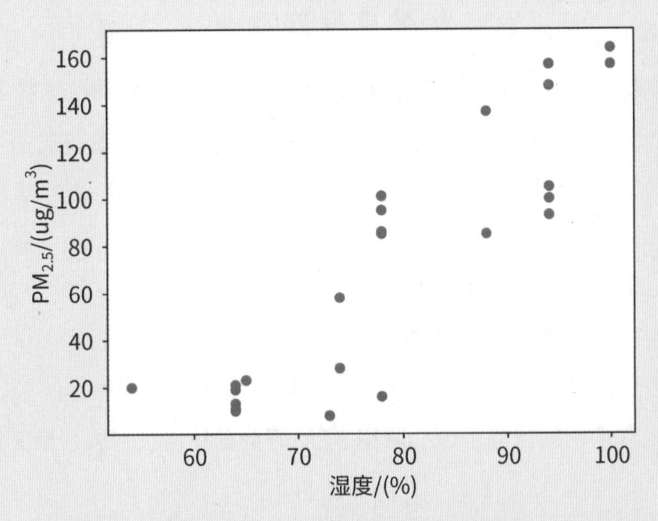


图 3-2-9　某日 24 小时内湿度与 $PM_{2.5}$ 散点图

从图中可以看出：湿度越高，$PM_{2.5}$ 含量越高，这种两组数据的变化趋势一致的关系称为正相关。同理，当两组数据的变化趋势相反时，这种关系成为负相关。当两组数据变化趋势一致时，有理由假设数据间是存在相互影响，这对分析影响环境变化因素提供了新的思路和方法。对于两组数据 $x_1$，$x_2$，…，$x_N$ 和 $y_1$，$y_2$，…，$y_N$，首先计算它们的均值分别为 $\mu_x$ 和 $\mu_y$，标准差分别为 $\sigma_x$ 和 $\sigma_y$。那么，协方差的计算公式为：

$$\mathrm{cov}_{x,y}=\frac{\sum_{i=1}^{N}(x_i-\mu_x)(y_i-\mu_y)}{N-1}$$

可以看到方差其实是当 x 与 y 是同一组数据时协方差的一种特殊情况。如果两组数据的变化趋势一致，那么协方差为正值，称为正相关；反之，当协方差为负值时，说明数据的变化趋势是相反的，称为负相关。注意到这里公式分母上是 N-1，而方差公式的分母上是 N。

阅读拓展

**数据特征的意义**

单个数据样本中的某个数据可以作为数据特征，大量数据样本的统计值也可以作为数据特征。现代人工智能的目标，就是从海量数据中找到提取特征的方法，然后对所提取的特征进行分析处理，从而实现一些有价值的任务。

以人脸识别为例，对于一个样本(一个人)来说，如图 3-2-10 所示，其面部特征包括了：眼睛大小、眉毛粗细、鼻梁高低等多个维度的属性。如果像考试一样对人脸的每个属性打分，这些分数就可以帮助你对样本的身份进行判断，从而实现识别的目的。由此可见，理解好数据和特征的关系至关重要。

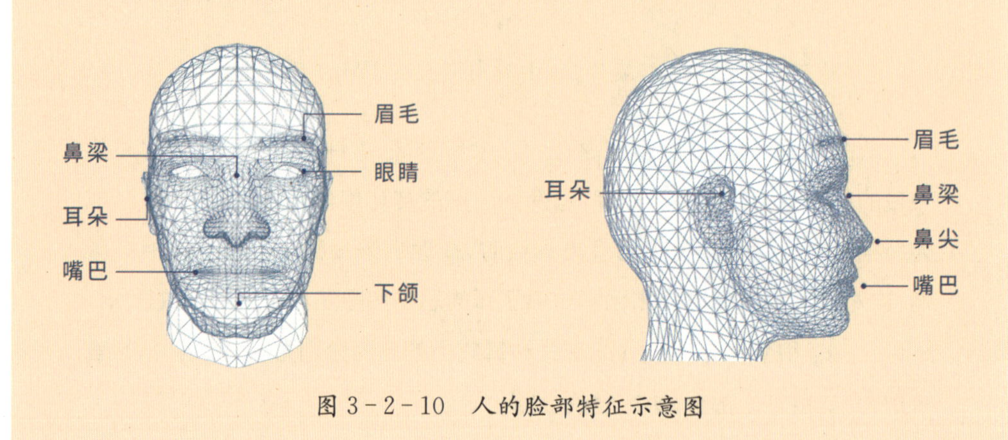


图 3-2-10 人的脸部特征示意图

### 3.2.3 数据分析的方法

当前，数据分析广泛应用于各行各业，通过数据分析有助于了解研究对象当前的现状、分析其发展并预测下一步走向。针对数据特征进行数据分析的方法有很多种，常用的有趋势分析、对比分析、平均分析、结构分析等。

（1）趋势分析

趋势分析通常用于核心指标的长期跟踪，进行趋势分析时，除了分析数据变化趋势，还经常探索数据是否具备周期性，是否存在拐点，并分析背后的原因。如图3-2-11所示，图中展示了对数据的趋势分析。

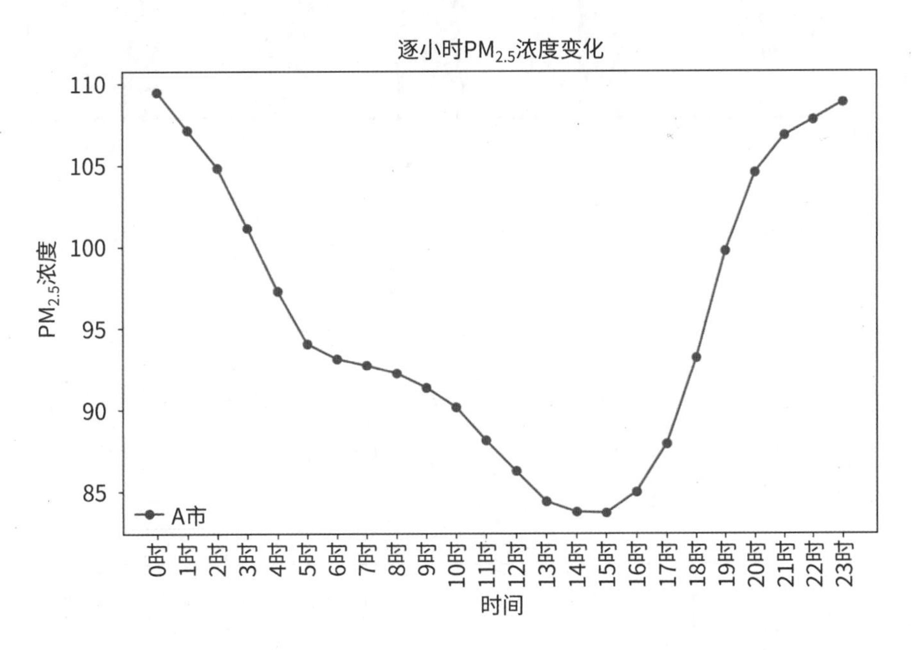


图3-2-11 A市逐小时$PM_{2.5}$浓度变化趋势

（2）对比分析

对比分析是指将两个或多个数据进行对比，分析数据间的差异，从而找寻数据背后隐藏的规律。对比分析还可以分为横向对比和纵向对比两类，如图3-2-12所示，图中展示了不同城市不同季节$PM_{2.5}$的污染情况。

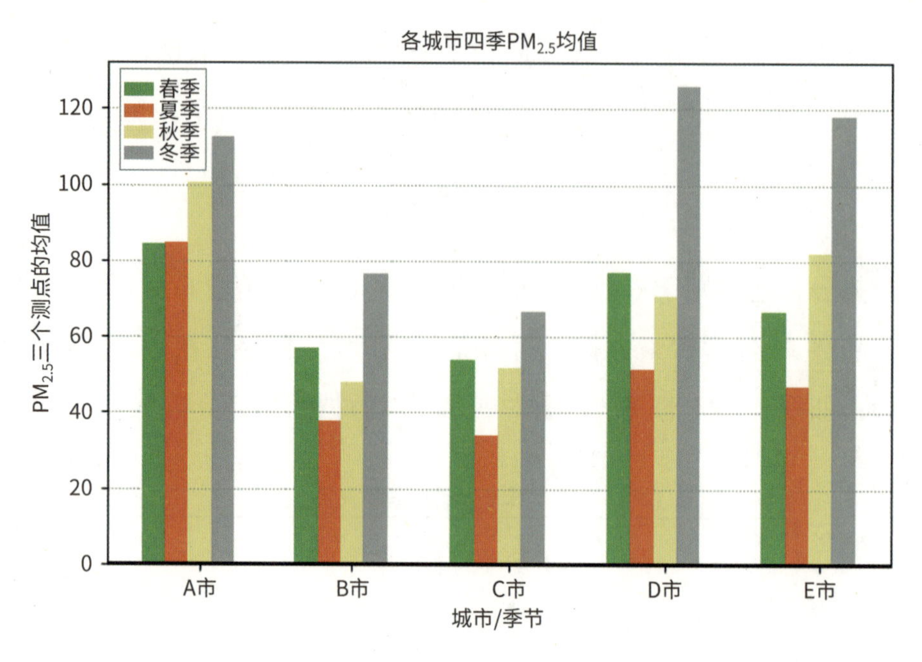


图 3-2-12　不同城市不同季节 $PM_{2.5}$ 的污染情况对比分析

（3）平均分析

平均分析是通过计算数据的均值来反映数据总体在一定时间、地点等条件下某个数据特征的一般水平。如平均气温、平均 $PM_{2.5}$ 浓度等。如图 3-2-13

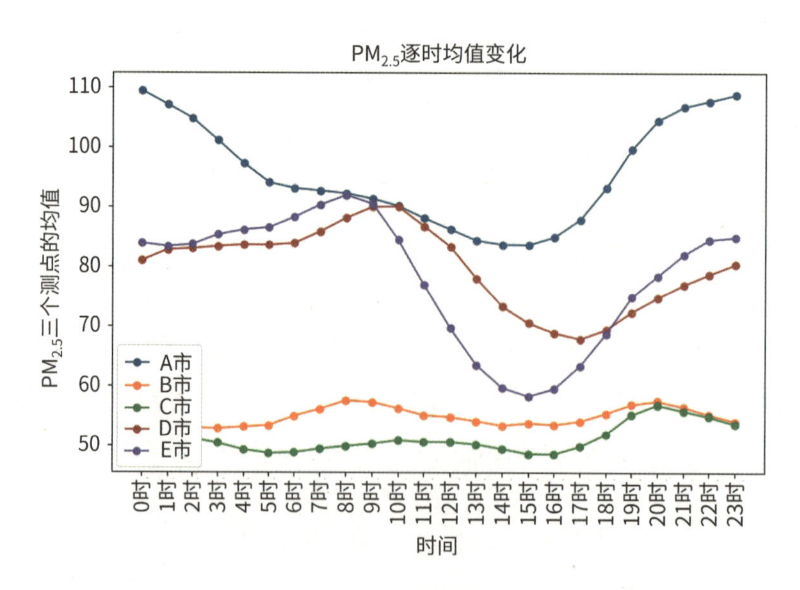


图 3-2-13　不同城市逐小时统计均值 $PM_{2.5}$ 浓度变化对比

所示，图中展示了 5 个城市以各小时为统计基准的 $PM_{2.5}$ 平均污染情况。

(4) 结构分析

结构分析是指通过分析和确立事物(或系统)内部各组成要素之间的关系及联系方式进而认识事物(或系统)整体特性的一种科学分析方法。如图 3-2-14 所示，图中展示了 5 个城市不同空气质量等级占比情况。

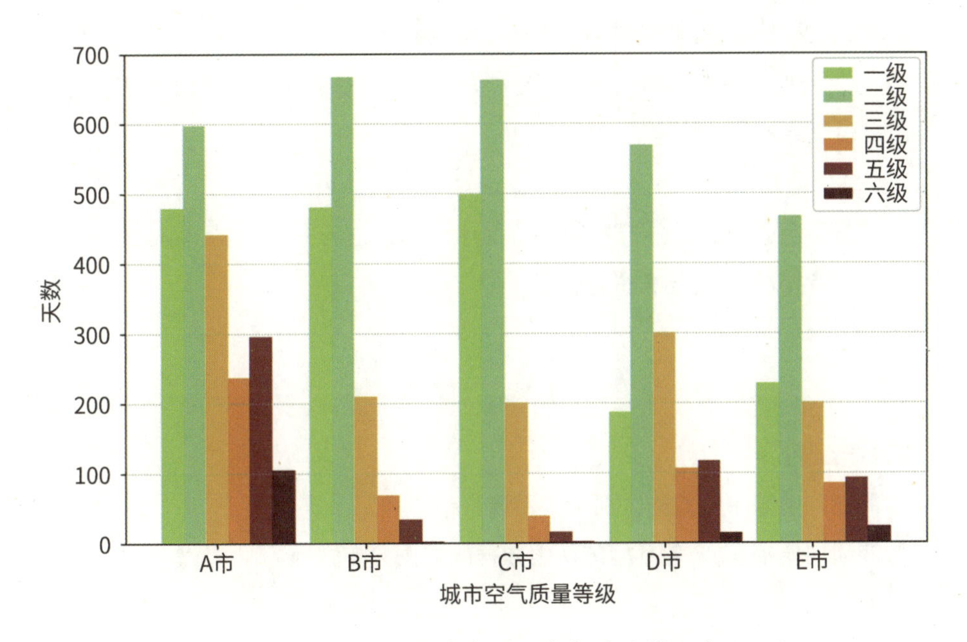


图 3-2-14　五个城市不同空气质量等级占比

项目实施

**5 个城市 $PM_{2.5}$ 数据分析**

**一、项目活动**

一个城市的 $PM_{2.5}$ 浓度会受到诸多因素影响，不同地区的城市，$PM_{2.5}$ 浓度各不相同，探究不同城市 $PM_{2.5}$ 浓度，分析各个城市污染情况，可以为空气治理提供依据。根据 A 市、B 市、C 市、D 市、E 市的数据，请完成以下操作：

1. 统计 A、B、C、D、E 5 个城市 2010—2015 各年度的 $PM_{2.5}$ 浓度均值，分析五个城市逐年的空气质量情况；

2. 统计 A、B、C、D、E 5 个城市月度的 $PM_{2.5}$ 浓度的均值，输出为 1—12 月各月的 $PM_{2.5}$ 均值数据；

3. 统计 A、B、C、D、E 5 个城市不同季节的 $PM_{2.5}$ 浓度的均值，输出为春季、夏季、秋季、冬季各季节的 $PM_{2.5}$ 均值数据；

4. 根据计算得到的均值分析五个城市的空气污染情况，并针对每个城市提供简易的预防策略。

**二、项目检查**

选择合适的数据分析方法编写程序对数据进行分析，得到相应的统计量值，并对数据分析结果进行分析。

**练习与提升**

1. 简述均值与中位数的区别与应用场景。
2. 简述均值相同，方差不同的两组数据的数据分布特点。

## 3.3 数据可视化

**学习目标**

- 了解数据可视化的概念，能够根据具体问题合理选择可视化图形进行数据分析呈现；
- 理解数据可视化对数据分析的影响，掌握编写程序实现数据可视化的基本方法。

**体验与探索**

在对环境数据进行初步分析后，铭铭对数据中反映的环境变化深感焦虑，他希望让更多的人看到城市空气质量情况，可是一行行的统计数字仍然不够直观。铭铭想到天气预报中会用颜色的深浅代表不同温度的分布情况，如图 3-3-1 所示，可视化的图形生动形象地呈现了数据的分布情况。铭铭开始尝试学习常用的数据可视化方式，把环境数据“画”出来，从而更好地唤醒人们的环境保护意识。

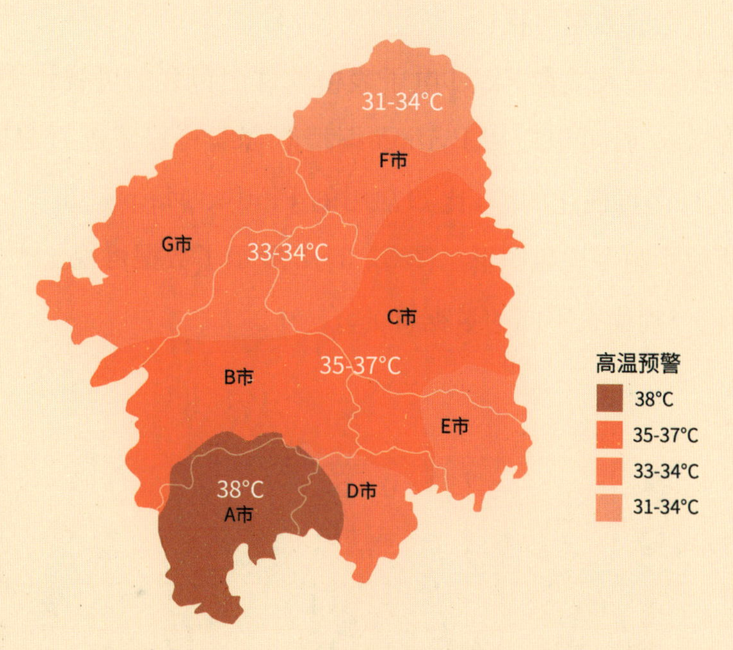


图 3-3-1　天气预报气温可视化示意图

**思考**　1. 你见过哪些可视化的图形？

2. 能想到应用哪些可视化图形进行 $PM_{2.5}$ 数据可视化？

### 3.3.1 数据可视化的意义及方法

单纯的数据统计分析，虽然能够发现数据中蕴含的信息，但是数字形式的统计结果仍然较为抽象，数据可视化就能够更好地呈现数据分析的结果。数据可视化指的是以图形、图像和动画等方式直观、生动地呈现数据和数据分析的结果，揭示数据间的关系、趋势和规律等，便于人们理解数据背后蕴含的信息。目前，数据可视化的工具有很多，常用的数据分析软件都具备数据可视化的功能。例如，Excel 电子表格软件不但可以记录数据，还能够根据记录的数据完成数据可视化。

当数据含量较大或者 Excel 电子表格软件中包含的可视化图形不能满足数据呈现需求时，可以应用 Python 编程语言编写程序进行数据可视化，Python 具有许多可视化的库，比如常用的 Plotly、Matplotlib 等，调用这些库可以便捷地绘制可视化图形。图 3－3－2 展示了数据可视化成果，其中横纵坐标、颜色分别代表不同的数据特征。

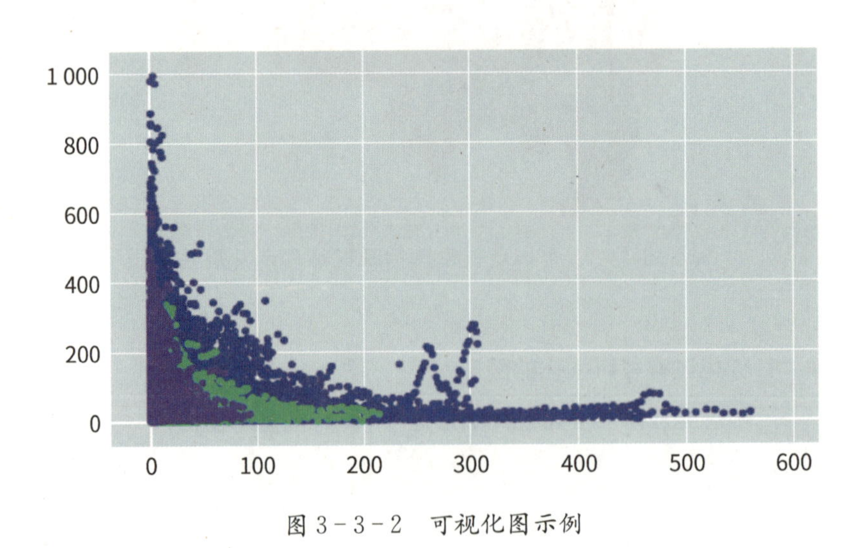


图 3－3－2　可视化图示例

## 3.3.2　数据可视化的几种常见方式

数据可视化有很多种方式，每种方式都着重表现不同的信息，在绘制环境数据可视化图过程中，同学们可以根据自己的需要选择最直观、最适合解决问题的方式。

（1）散点图

散点图是将数据不同特征作为坐标，利用坐标点反应不同特征间数据分布规律的一种图形。根据数据的维度不同，散点图可以分为二维散点图（二维坐标系）、三维散点图（三维坐标系）等。通过散点图可以观察数据不同特征之间的相关关系，除此之外还可以用于寻找异常数据。如果某个点或者某些点偏离大部分数据点的分布，那么这些点可能是异常数据，需要进行数据清洗，否则会对分析结果产生较大的影响。如图 3－3－3 所示，将表 3－2－2 中的数据以散点图的形式进行了可视化，其中不同的城市采用不同的颜色表示。

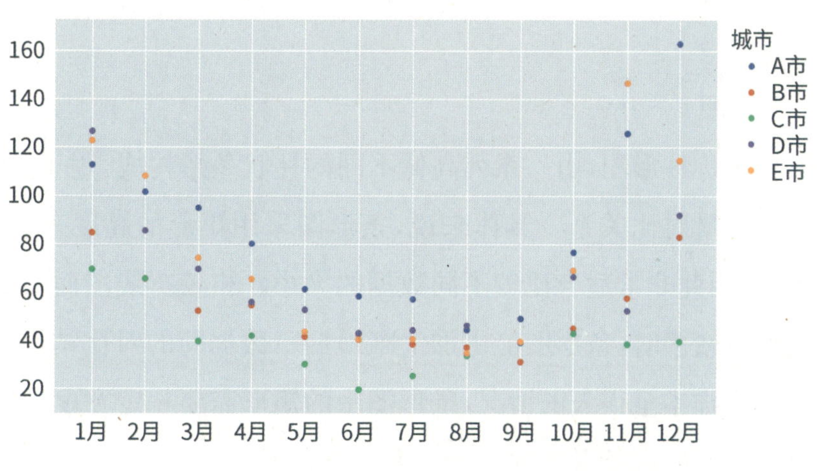


图 3－3－3　5 个城市 2015 年的月均 $PM_{2.5}$ 浓度分布散点图

（2）折线图

折线图是将数据点按照顺序连接起来的图形，可以看作在散点图的基础上，按照横轴坐标顺序将数据点用直线连接起来。增加连线后，折线图更能清楚地展现数据变化的趋势，往往用于分析 $y$ 轴特征随 $x$ 轴特征改变的趋势，常用于显示某变量随着时间的变化情况。如图 3-3-4 所示，图中清楚地展示了 2015 年 5 个城市 $PM_{2.5}$ 污染情况逐月的变化情况。

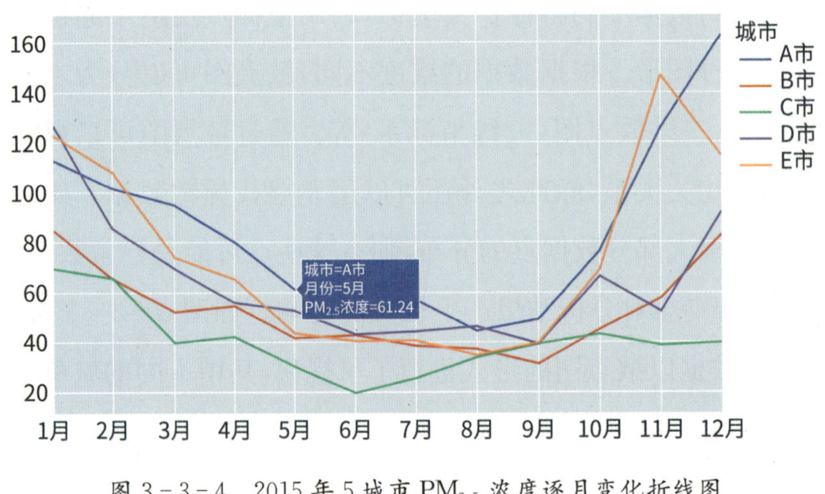


图 3-3-4　2015 年 5 城市 $PM_{2.5}$ 浓度逐月变化折线图

（3）条形图

条形图也称柱形图，由一系列高低不同的柱状条形构成，用于展示不同数据之间的数量对比关系。具体来说，条形图采用矩形的高度来表示样本的具体数值，因此非常适合比较不同数据的大小。相较折线图而言，当需要对比特征变量较多时，条形图能更加清晰地展示数据间的对比结果。但是，条形图不适合样本量很大的情况，条形图中的矩形需要一定宽度，一般而言如果超过 50 个样本，条形图的美观程度会大大下降。

如图 3-3-5 所示，图中展示了 5 个城市 2010—2015 年间不同污染等级天数对比情况。

（4）直方图

直方图常用于数据的统计分布的可视化展示，通常横坐标代表对数据

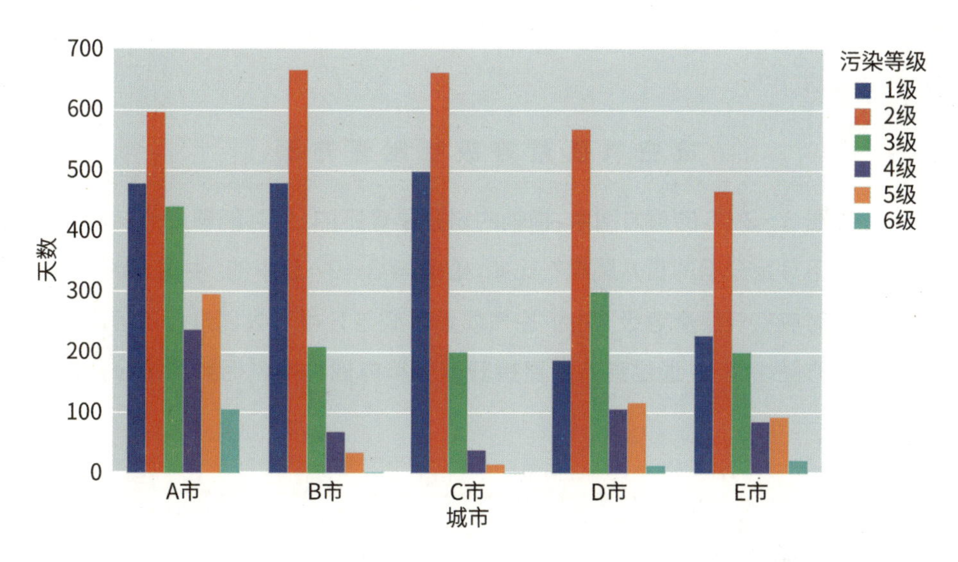


图 3-3-5　5 个城市 2010—2015 年间不同污染等级天数对比

某个特征的划分，纵坐标表示落在某一划分内样本的数目。图 3-3-6 展示了 5 个城市 6 年内不同 $PM_{2.5}$ 污染浓度分别有多少天，由图可知，绝大多数 $PM_{2.5}$ 浓度都分布在 125 $ug/m^3$ 以下。

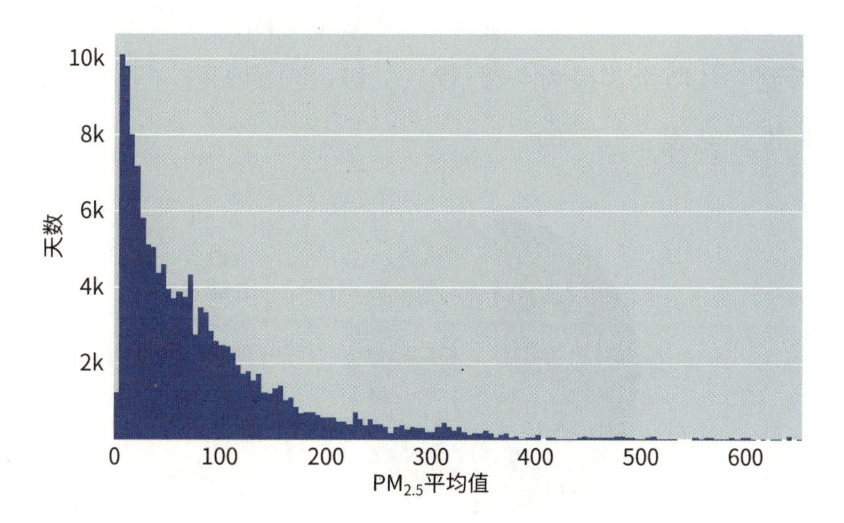


图 3-3-6　5 个城市 6 年内日均 $PM_{2.5}$ 浓度分布直方图

**实践活动**

**按空气质量等级绘制直方图**

在图 3-3-6 的直方图中，横轴的划分是等距的，是否能够按照实际需要绘制不等距分组的直方图呢？比如，根据表 3-2-5 中的“中国 $PM_{2.5}$ 日均浓度对应空气质量等级”中的“空气质量等级与分类”，尝试进行不等距分组的直方图绘制，并通过直方图直接获得一年内四种空气污染情况分别的天数。

（5）饼状图

饼状图是将数据各项大小与各项综合的比例分布展示在一个圆盘里面。圆盘代表了样本的全集，圆盘内部的扇形代表不同子集的占比。通过这种方式，可以清晰地反映不同子集所占全集的比例，易于展示不同子集数据相对于总数的大小。

如图 3-3-7 所示，图中展示了 A 市全年不同空气质量等级的比例分布，可以看到空气质量等级为一级（优）、二级（良）的天数占了全年的 50%左右（等级标准详见表 3-2-5）。

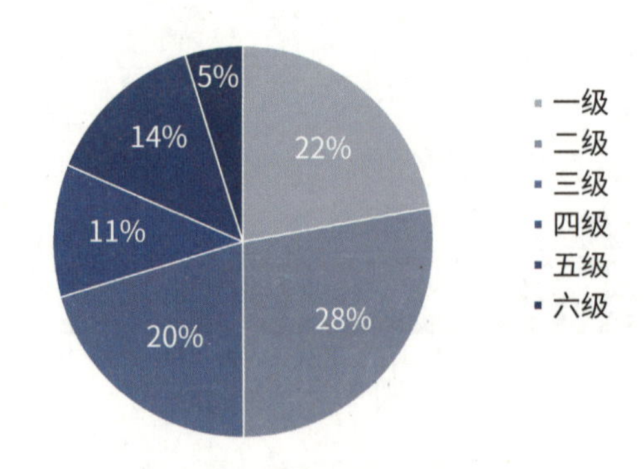


图 3-3-7　A 市不同空气质量等级比例饼图

**阅读拓展**

### 数据分析报告

完成数据处理的基本工作后，得到的数据分析结果通常以数据分析报告的形式发布出来。数据分析报告不仅是对整个数据处理过程的总结与展示，更能为决策提供参考，如图 3-3-8 所示，展示了中国气象台的一份环境气象公报。

气象公报

每日天气提示
重要天气提示
天气公报
强对流天气预报
交通气象预报
森林火险预报
海洋天气公报
环境气象公报

环境气象公报

来源：中央气象台　发布时间：2021年12月21日06时　分享到：

**华北黄淮江汉等地大气扩散条件逐渐较差**

21日至22日，华北中南部、黄淮、汾渭平原、江汉等地大气污染扩散条件较差，有轻至中度霾，22日至23日受冷空气影响，上述地区霾天气自北向南逐渐减弱消散。

**具体预报如下：**

**京津冀及周边区域**

21日至22日，区域中南部大气扩散条件转差，天津南部、河北中南部、山东中西部、河南中东部的部分地区有轻至中度霾。受冷空气影响，22日区域中部霾天气消散，23日区域南部霾天气减弱消散。此外，22日和23日早晨，河北中南部、山东、河南东部等地的部分地区有大雾，局地能见度不足200米。

**长三角区域**

21日至22日，区域北部大气扩散转差，有轻度霾，局地中度霾，23日起受冷空气影响，霾天气逐渐减弱消散。此外，22日和23日早晨，江苏、上海、安徽北部等地的部分地区有大雾，局地能见度不足200米。

**汾渭平原区域**

21日至22日，区域大气扩散条件转差，区域中南部的部分地区有轻度霾，局地中度霾，23日受冷空气影响，霾天气减弱消散。

**珠三角区域**

未来一周，区域大部大气扩散条件和湿清除条件较好，无明显霾天气。

图 3-3-8　中国气象台环境气象公报

数据分析报告的内容形式各不相同，总体来说，都包含标题、前言、正文、结论建议等内容。其中，前言主要是对数据分析项目的说明，向读者介绍数据分析的背景、目的及数据分析的过程方法；正文是报告的主体，以图文并茂的形式展示数据分析的过程及结果；结论建议位于报告尾部，是对数据分析结果的总结提炼。

**项目实施**

## 5 个城市 $PM_{2.5}$ 浓度可视化分析

### 一、项目活动

$PM_{2.5}$ 浓度反映了空气质量，与人们生活质量息息相关，统计并分析城市 $PM_{2.5}$ 浓度，并将结果可视化，可以便于普通大众了解环境变化情况，唤醒人们环境保护意识。请按如下要求，合理选择可视化图形工具，完成数据可视化表达。

1. 合理选择可视化工具，对 A、B、C、D、E 5 个城市 2010—2015 各年度 $PM_{2.5}$ 浓度均值进行可视化，分析各个城市逐年 $PM_{2.5}$ 浓度数据的变化情况；

2. 合理选择可视化工具，针对不同城市不同季节对 $PM_{2.5}$ 浓度均值进行可视化，分析季节与污染程度的关系；

*3. 合理选择可视化工具，以表 3-2-5 中的“中国 $PM_{2.5}$ 日均浓度对应空气质量等级”为标准，统计 2015 年 A、B、C、D、E 5 个城市不同指数等级天数并进行可视化。

*4. 合理选择可视化工具，呈现 $PM_{2.5}$ 浓度与风速之间的分布规律，挖掘两个特征数据背后的关系。

### 二、项目检查

基于不同可视化图的绘制方法编写程序得到相应的可视化图形，根据数据分析结果撰写一份关于环境保护的数据分析报告，或者制作一张海报用于展示数据分析结果，唤醒大众环保意识。

**练习与提升**

1. 简述散点图与折线图的区别与应用场景。
2. 现有 6 名女排运动员的比赛数据，如表 3-3-1 所示。试分析比较每位运动员在各项指标上的差异。思考：哪种图表形式适合呈现分析结果？

表 3-3-1　排球运动员比赛数据

| 球员姓名 | 扣　球 | 拦　网 | 发球得分 | 一传完美数 |
| --- | --- | --- | --- | --- |
| A | 48 | 6 | 9 | 27 |
| B | 179 | 15 | 6 | 56 |
| C | 56 | 4 | 5 | 38 |
| D | 4 | 0 | 0 | 0 |
| E | 50 | 12 | 3 | 0 |
| F | 9 | 3 | 3 | 0 |

# 3.4 人工智能小故事

## 交警部门发布相关数据：外卖员已成高危职业

在数字经济大环境和现代人快节奏的工作生活双重推动下，各大餐饮外卖企业竞争进入白热化的阶段，效率、体验和成本，成为外卖平台追求的核心指标，大数据结合人工智能算法帮助外卖平台实现订单履约最大化。然而随着技术对订单履约最大化的支撑，外卖员伤亡和违法事件频发。2017 年上半年上海市公安局交警总队数据显示，在上海，平均每 2.5 天就有 1 名外卖骑手伤亡。同年，深圳 3 个月内外卖骑手伤亡 12 人。2018 年，成都交警 7 个月间查处骑手违法近万次，事故 196 件，伤亡 155 人次，平均每天就有 1 个骑手因违法伤亡。2018 年 9 月，广州交警查处外卖骑手交通违法近 2 000 宗，美团占一半，饿了么排第二。

造成外卖员伤亡及违法事件频发的原因主要在于两点：一是为了“准时达”，避免因顾客投诉而遭公司处罚；二是为了在单位时间多送订单，以取得更多收入。因此，众多外卖小哥在送餐路上往往伴随着逆行、超速、闯红灯、看手机（为了看时间）、与机动车抢行等多种交通违法行为。

大数据结合人工智能算法的确可以帮助带来订单履约最大化，但与此同时，还应考虑交易背后“人”的因素，尤其是对于外卖小哥的身心健康和工作压力，人工智能算法也应纳入考量。撇除人文因素的冷漠算法，有违人工智能为善原则，也同时触及了科技伦理底线，动摇了人类主体性地位。人工智能在各个领域的广泛应用，提升了生产和生活效率，为经济和社会发展带来巨大的福利和便捷，但是，技术仅为工具和手段，可以向善也可以为恶，可以冷漠也可以温暖，关键取决于人工智能产品在设计和生产阶段是否融入了“人文”考量，以人为本，即在训练算法的过程中应包含更多的数据维度，譬如伦理、文化、道德等，让人工智能更加温暖人心，而不是凌驾于人类之上，让人成为人工智能算法的奴隶。

# 总结与评价

1. 下图展示了本章的核心概念与关键能力，请同学们对照图中的内容进行总结。

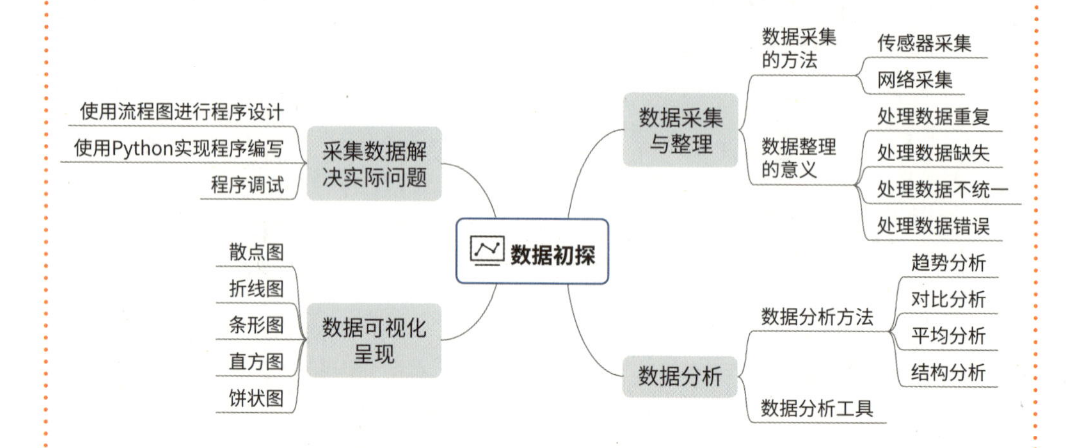


2. 根据自己的掌握情况填写下表。

| 学习内容 | 掌握程度 |
| --- | --- |
| 数据与信息的概念及关系 | □不了解　□了解　□理解 |
| 数字化及其作用 | □不了解　□了解　□理解 |
| 数据采集的常用方法 | □不了解　□了解　□理解 |
| 数据整理的方法及意义 | □不了解　□了解　□理解 |
| 数据分析的方法 | □不了解　□了解　□理解 |
| 数据特征的概念 | □不了解　□了解　□理解 |
| 数据可视化方法 | □不了解　□了解　□理解 |
| 数据分析报告 | □不了解　□了解　□理解 |

# 第4章 回归与分类

周瑜大惊，慨然叹曰："孔明神机妙算，吾不如也。"

——明·罗贯中《三国演义》

历史上常用"神机妙算"夸赞诸葛亮把握规律、预测未来的智慧。《三国演义》草船借箭的故事中，诸葛亮能从蛛丝马迹中推断出将有大雾天气，并依据对敌将的了解，准确地估计敌军出击或防御的概率。根据一系列信息，诸葛亮进行了准确预测，成功完成任务，全身而退。

预测能力是人类智能的重要体现之一。日常生活中，人们时时刻刻都在进行预测：看到一辆车，根据观察到的车的信息，能够大概预测汽车的价位。人工智能同样拥有预测的能力。

在本章的学习中，我们将通过"汽车参数助决策"项目活动，借助人工智能算法，掌握机器进行预测的基本方法。

## 主题学习项目：汽车参数助决策

**项目目标**

驾车出行是当前社会的主要交通手段之一，有些家庭会选择一款汽车用于代步。选购汽车时，如何快速找到适合自己家庭的汽车呢？购买一台称心如意的汽车，需要对汽车的各类参数和价格都有一定的了解。本章围绕“汽车参数助决策”开展项目学习，从汽车功率与价格、汽车重量与价格、高端车与低端车的分类标准等方面确定研究主题，处理汽车相关的各类参数数据，从数据中发掘模型，探索购买车辆的奥秘。

1. 围绕项目主题，了解数据价值，初步掌握机器学习的概念和过程。

2. 分析汽车各项参数，确定数据特征，建立回归、分类模型，对汽车价格进行预测。

3. 应用机器学习算法，掌握使用人工智能技术解决实际问题的方法，并能迁移解决其他问题。

**项目准备**

为完成项目需要做如下准备：

1. 全班分成若干小组，每组 2—3 人，在学习过程中通过互助合作完成项目。

2. 调查了解汽车的各项参数，为后续学习做好信息储备。

3. 为“汽车参数助决策”主题内容学习准备实验环境。

**项目过程**

在学习本章内容的同时开展项目活动。为了保证本项目顺利完成，要在以下各阶段检查项目的进度：

1. 小组讨论并制定项目规划；收集汽车参数数据，分析数据并选择特征。

2. 选择合适的特征作为自变量，准备训练集，训练预测汽车价格的回归模型，并对模型进行测试。

3. 合理选择特征数据，准备训练集，训练一个可以预测汽车高低价位的二分类器，用于预测汽车是高价位还是低价位。

**项目总结**

完成“汽车参数助决策”项目，各小组提交项目学习成果，进行作品展示及交流评价，体验小组合作、项目学习和知识分享的过程，了解机器学习基本概念，掌握回归与分类的算法原理。能够针对实际问题选择特征，建立回归模型或二分类模型解决实际问题。

# 4.1 机器学习

## 学习目标

- 掌握机器学习的三个基本阶段，知道机器学习如何从数据中发现规律；
- 了解监督学习与无监督学习的概念，能够举例说明两者的区别；
- 知道回归与分类的区别，能够根据实例区分任务是回归还是分类。

## 体验与探索

**汽车不同参数间的关系**

周末，爸爸带着铭铭去看车展。在车展上，各式各样的汽车让铭铭看花了眼。如图 4-1-1 所示，每台汽车旁都有一个展示牌，牌子上介绍这款车的各种参数和价格。

图 4-1-1　车展中的汽车

通过观察汽车的参数，铭铭发现有些参数和车的价格之间好像有一些关系。比如功率大的汽车，通常价格更高一些；而有些参数似乎与价格没有关系，比如车的颜色与价格就没有显著关系。

**思考**　1. 如果你要选购一台汽车的话，你会关注汽车的哪些信息？

2. 你认为你关注的信息与汽车价格有什么关系？

### 4.1.1　机器学习的过程

预测能力是人类智能的重要表现。实际上，预测就是基于已知信息，给出推测结果的过程。比如，我国劳动人民总结出的气象谚语——“天上鱼鳞斑，明日晒谷不用翻”，即今天天上出现了鱼鳞状的云彩（如图 4-1-2 所示），那么第二天大概率是晴天。

图 4-1-2　鱼鳞状的云彩

在上面的例子中，天上鱼鳞状的云彩是已知信息，第二天是晴天是根据已知信息做出的预测。根据已知信息做出相应预测，实际上是在不断地观察、学习、总结的过程中建立起来的。劳动人民通过观察，发现云彩的形状、分布情况等信息与第二天天气状况有一定的联系；接着，通过不断地观察记录，获取了更多的云彩形状、分布情况与第二天天气状况的数据；后来，劳动人民通过归纳总结得到一个规律；这个规律，用于指导劳动人民判断天气，从而更好地进行耕作；最终生活经验形成了气象谚语，广为流传。这个过程如图 4－1－3 所示。

图 4－1－3　人类的学习与经验总结

如果想让机器具备类似人的预测能力，可以参考这个过程，对数据进行归纳和总结，尝试发现其中的规律。实际上，收集数据，并指导机器在数据中发现规律的过程，就是机器学习的过程。机器学习的过程与人类学习并归纳经验的过程类似，如图 4－1－4 所示，图中展示了一个完整的机器学习过程。

对于车展来说，每一辆车拥有属于自己的核心参数。展区内的汽车参

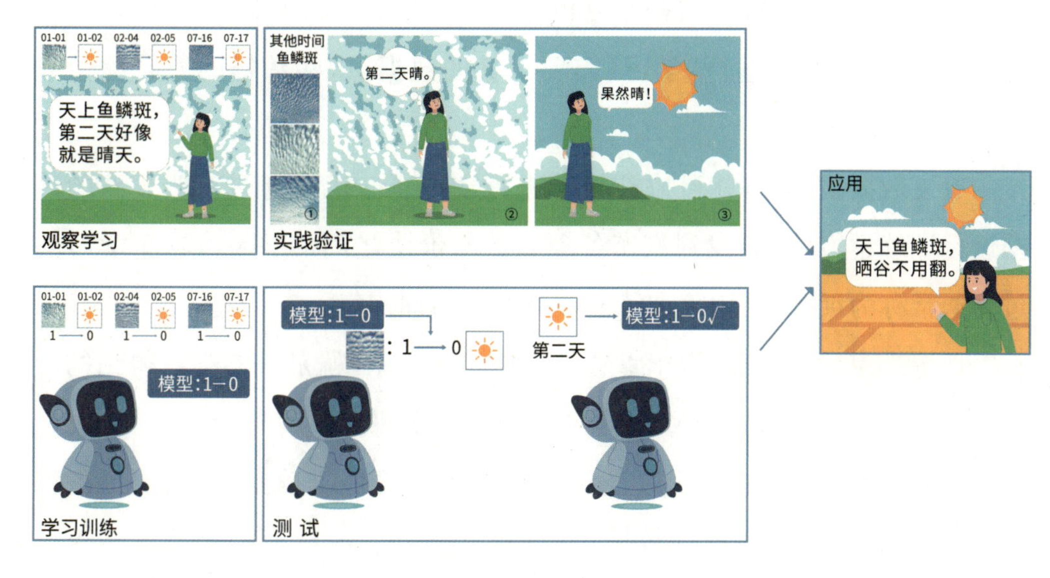


图 4-1-4　机器学习的过程

数各不相同。人很难快速地总结出参数与价格的关系。收集汽车的参数，并将参数教给机器去学习，将能够快速地找到参数间的规律。这样当你确定了你购车计划中的部分参数之后，机器就可以帮你进行价位预测了。

为了让机器具备这个功能，首先得有可供学习的素材，即数据。数据是机器学习的最基本要素，数据中包含机器需要学习的各种信息。表 4-1-1 展示了可供机器进行“学习”的各项汽车参数数据，包括车长、功率、车重、气缸数及价位级别。

表 4-1-1　汽车的各项参数表

| 序号 | 车长(厘米) | 功率(千瓦) | 车重(千克) | 气缸数(个) | 价位级别 |
|---|---|---|---|---|---|
| 1 | 429 | 111 | 2548 | 4 | 低 |
| 2 | 449 | 115 | 2824 | 5 | 高 |
| 3 | 449 | 103 | 2337 | 4 | 低 |

这个数据表中包含一台车的关键参数信息。正如人类总结规律需要通

过对大量事物的观察，在机器学习的过程中，通常一个样本数据（即一行数据）是不够的。机器进行“学习”需要大量的数据，这些数据的集合称为数据集。

有了数据集之后，就可以让机器进行学习了。机器通过对收集到的数据进行训练学习，就能找到汽车各项参数与价位之间的关系。这个学习的过程通常称为训练，而用于训练的数据集称为训练集。

训练结束后，得到的汽车参数与价格间的关系，就是机器学习得到的价位预测模型。应用这个模型，能够根据汽车参数来预测汽车价位。

此时的模型是否准确呢？为了测试模型能不能准确预测，需要准备训练集以外的数据，使用新的数据对模型进行测试，观察模型的预测是否准确。使用与训练集中不同但相似的数据对所得模型进行预测能力检测的过程称为测试，测试的数据称为测试集。

测试过程同样类似于人类学习。为了学会某些知识，学习者常常通过大量练习来帮助自己理解和记忆知识点，这类似于机器学习训练的过程。经过一段时间的学习后，为了检验自己的“学习效果”，会参加考试测验，考试时的题目通常与学习知识时的练习题不同，但是相似。如果能够正确完成测验题目，说明学习者对测验知识已经达到掌握程度。机器学习模型的测试与这个过程相似。

通过测试，能够确定机器学习得到的模型是否真正具备了汽车价位预测的能力。具备预测能力的模型就可以投入应用了，即学习模型的应用阶段，此时可以使用模型在真实的场景下对汽车价位进行预测。

总结来说，机器学习分为三个阶段：训练、测试以及应用。生活中，大部分机器学习任务与机器预测汽车价位的学习任务相似。机器学习的任务是从数据中学习到规律，即“模型”。概括来说，机器学习模型可以理解为，根据输入的数据特征进行预测输出。机器学习可以分为监督学习和无监督学习。

阅读拓展

**监督学习和无监督学习**

机器学习中，监督学习占据了目前机器学习算法的绝大部分。监督学习从给定的训练集中学习出一个模型函数，当新的数据到来时，可以根据这个模型函数来预测结果。监督学习的训练集要求包括输入和输出，也可以说是特征和目标。训练集中的目标是由人标注的。常见的监督学习包括回归和分类。比如，预测汽车价位的高低时，供机器学习的数据中包含汽车各项参数（即特征\输入）和真实价位（即目标\输出），其中真实价位是人为标注的。

监督学习如同教小朋友识别各种事物，我们要给他看不同物体的图片（数据），同时也要教给他图片对应事物的名称（目标）。

在机器学习中还有另一类任务，只有给定的数据，没有相应的预测目标信息，即无监督学习。相较于监督学习，无监督学习的训练集没有人为标注的结果。无监督学习的主要目的是发掘数据间的联系。比如，给定一批数据，将其按照特点分成不同的类别。如同给小朋友一堆物体的图片，小朋友根据图片的特点自行将图片分类。

### 4.1.2　分类与回归

机器学习中的监督学习包括回归和分类。

其中，分类就是通过学习，使得机器能够根据数据特征分辨出所属种类。对于人类而言，对事物进行学习并分类是人类认知世界的根本。比如，新生儿在父母及亲人的教导下，通过学习逐渐知道什么是苹果、什么是橘子；马牛羊分别是什么样子等。与人类似，分类同样是应用机器学习模型的根本。比如，应用机器学习，可以帮助医生判断患者的 X 光片或 CT 片中是否存在病灶，如图 4－1－5 所示。是否存在病灶就是一个分类任务。

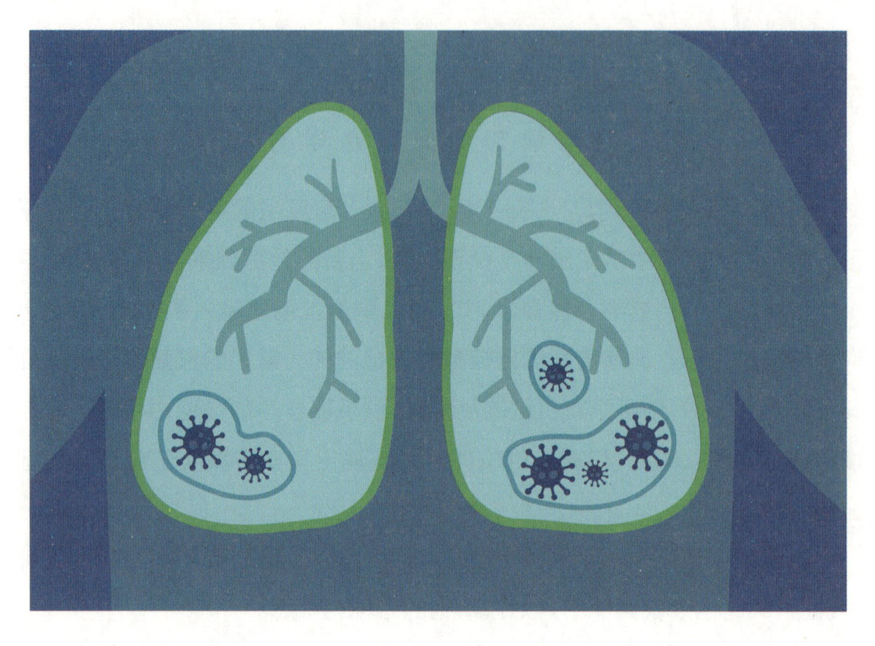

图 4-1-5　肺炎病人的 CT 图（绿色圈为肺部，蓝色圈为肺炎病灶位置）

**实践活动**

### 生活中分类问题的寻找

车展中，展区常常被分为高价位区和低价位区，这里判断汽车的价位属于高价位还是低价位，就是一个典型的分类问题。除此之外，请同学们再找出几个生活中属于分类的问题。

相对于分类，回归问题显得不那么好理解。先从例子看起：日常生活中存在大量的变量，比如实时的气温，当前的时间，市场上的菜价，自己的身高、体重等。诸多变量间存在很强的关联性，比如身高和体重。一般来说，身高越高的人，体重也会越大。这种变量之间相互关联的性质称作变量的相关性。如图 4-1-6 所示，图中展示了两组有相关关联的变量关系图。

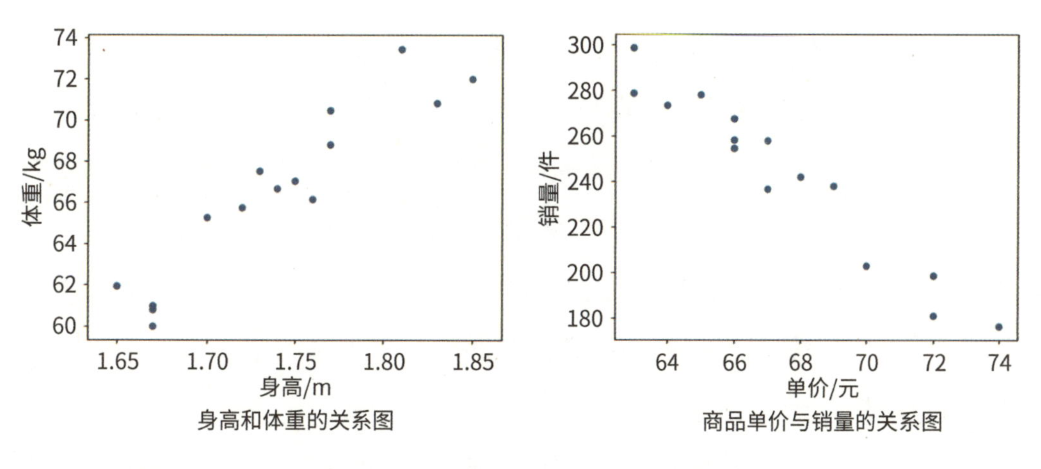


图 4－1－6　不同变量之间的关系图

变量中的关联性一般分为两类：正相关关系和负相关关系（第三章曾经提到）。图 4－1－6 的左图中，分析图形可以发现，随着身高变高，体重有变大的趋势。类似这种一个变量随着另一个变量的增大（或减小），有相同的变化趋势的变量关系，称为正相关关系。与之相反，图 4－1－6 右图中代表的是负相关关系，即一个变量随着另一个变量的增大（或减小），有相反变化趋势的变量关系。

通过观察汽车的参数数据，可以发现功率较大的汽车，相应的售价也更贵，汽车功率与汽车售价之间符合正相关关系。

**实践活动**

**寻找存在相关关系的变量**

除了正文中讲到的身高与体重、商品价格与销量的例子之外，身边还有许多有相关性关系的变量，请同学们举出几个例子，并研究它们之间是正相关还是负相关关系。

对于这些存在相关关系的变量，虽然不能直接找出变量间的确定关系，但是可以通过某种方法，近似地将这种关系定量地表达出来。比如，可以尝试沿着数据分布的趋势寻找一条线，如果数据基本都分布在这条线附近的话，就认为这条线能较好地反映出两个变量之间的关系。通过已有的样本数据寻找这条线的过程称为回归。得到的这条线就叫做回归线，用这条回归线对应的方程就可以得到相关变量之间的相关关系的定量描述。回归线对应的方程称为回归方程。

同样的，回归模型的学习过程中，需要收集新的样本数据来判断回归模型（即回归线）的准确性。例如，根据一部分身高和体重的训练数据，可以得到根据身高预测体重的回归模型；再新收集一批同学的身高和体重数据作为测试集，对回归模型进行测试。对比预测体重与该同学真实体重数据，可以验证回归模型的有效性。

**阅读拓展**

**回归一词的由来**

这里的“回归”一词，是统计学中的概念，最早由弗朗西斯·高尔顿(Francis Galton)引入。十九世纪八十年代，高尔顿开始研究父母与子女之间身高的遗传规律。通过研究，高尔顿发现身高的遗传规律时发现了回归到平均值(regression toward the mean)的现象。即，如果父母的身材比较高的话，他们的子女并不能完全继承父母身高的特点。也就是说，后代的身高有回归到普通人平均身高水平的趋势。由于这个现象，高尔顿引入“回归”一词。虽然并不是所有的相关关系中都会发生类似的现象，但是从那以后，回归就成了这一类方法的名字并被保留到了现代统计分析领域。

总体来说，一般的机器学习都是根据一些给定的样本数据进行学习，学习的过程就是发现样本数据中特定规律，并对特定规律进行归纳总结的过程。通过学习，可以将规律总结为经验知识，然后能够将“经验知识”运用到对新的样本数据的处理上去。

### 4.1.3　机器学习中的特征

以分类任务为例，介绍机器学习中的重要概念——特征。

将能够完成分类任务的模型称为分类器。如果想得到一个分类器，它能够区分不同价位的汽车，应该怎么做呢？基于铭铭在车展上的观察，发现高价位区的汽车，重量、功率都比较大；低价位区的汽车，重量、功率都比较小。利用这些特点，可以区分汽车的高低价位。类似这种，可以对事物的某些方面的特点进行刻画的属性，称为特征。

特征，在机器学习乃至所有的人工智能系统中，都是非常重要的概念。针对同一事物，可以从不同的角度提取或者定义不同的特征。以汽车为例，可以依据车重、功率等各个方面的数据，进行不同特征的提取，如图 4－1－7

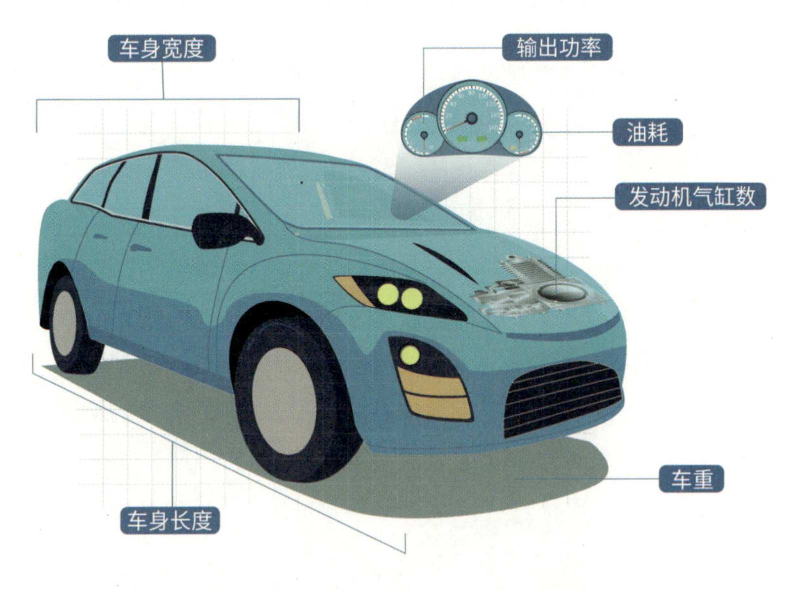


图 4－1－7　一台汽车的不同特征

所示。但是并不是所有的特征，都能够用于分类。比如汽车的颜色，虽然对于不同品牌的汽车，同一型号相同配置不同颜色的汽车价格可能略有不同，但是颜色与价格的关系并无绝对性（例如，红色汽车价格高于蓝色汽车）。因此颜色这个特征不能区分不同汽车的高低价位。

由此可知，特征的设计和选取是从物体的本身特点出发，考虑造成不同类别的核心差异，在此基础上才能设计出有效的特征。同时某个任务上无效的特征，可能会在另外的任务上变得有效。比如，区分汽车的保温性能时，因为不同颜色的汽车对于阳光的吸收能力不一样，因此汽车颜色可能会对车内温度变化有很大的影响。特征的质量会在很大程度上决定了分类器最终分类结果的好坏，因此，在设计特征时要真正地理解事物的特点和任务的特点，设计出简单而有效的特征。被设计出来的特征，应该如何进行表示呢？比如，针对汽车高低价位分类问题，设计了汽车的车重和功率两个分类特征，可以用 $x_1$ 表示汽车的车重，$x_2$ 表示汽车的功率，将两个数据放在一起，车重在前、功率在后写作$(x_1, x_2)$，$(x_1, x_2)$就是代表汽车的车重与功率的特征数据。类似这样，将按照一定顺序排列的一组数据称为向量。表示特征的向量称为特征向量。

**阅读拓展**

### 向量和向量运算

在数学上，向量是既有大小又有方向的量，例如向量 $\boldsymbol{a}=(1, 3, 5)$，其中(1, 3, 5)是向量 $\boldsymbol{a}$ 的坐标。向量中数字的个数，称为向量的维数，例如，向量 $\boldsymbol{a}=(1, 3, 5)$的维数是 3，常称为三维向量。

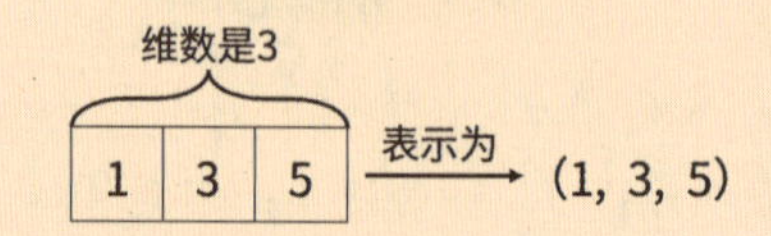

向量可以进行一些简单的运算，比如向量的加减运算、向量与数量的乘法运算、向量的内积运算等。

向量的加减运算：两个维数相同的向量可以进行加减运算，即将两个向量对应位置的每个数字相加减。

$$(1,\ 3,\ 5)+(2,\ 4,\ 6)=(1+2,\ 3+4,\ 5+6)=(3,\ 7,\ 11)$$

$$(1,\ 3,\ 5)-(2,\ 4,\ 6)=(1-2,\ 3-4,\ 5-6)=(-1,\ -1,\ -1)$$

1+2=3

| 1 | 3 | 5 | + | 2 | 4 | 6 | → | 3 | 7 | 11 |
|---|---|---|---|---|---|---|---|---|---|---|

5-6=-1

| 1 | 3 | 5 | - | 2 | 4 | 6 | → | -1 | -1 | -1 |
|---|---|---|---|---|---|---|---|---|---|---|

向量与数量的乘法运算：即一个数和向量相乘，就是这个数与向量中的每一个数字相乘。

$$5\times(1,\ 3,\ 5)=(5,\ 15,\ 25)$$

| 5 | × | 1 | 3 | 5 | → | 5×1 | 5×3 | 5×5 | → | 5 | 15 | 25 |
|---|---|---|---|---|---|---|---|---|---|---|---|---|

向量的内积运算：两个具有相同维数的向量做内积，就是它们的每个对应位置的数字相乘再求和。

$$(1,\ 3)\cdot(2,\ 4)=1\times2+3\times4=14$$

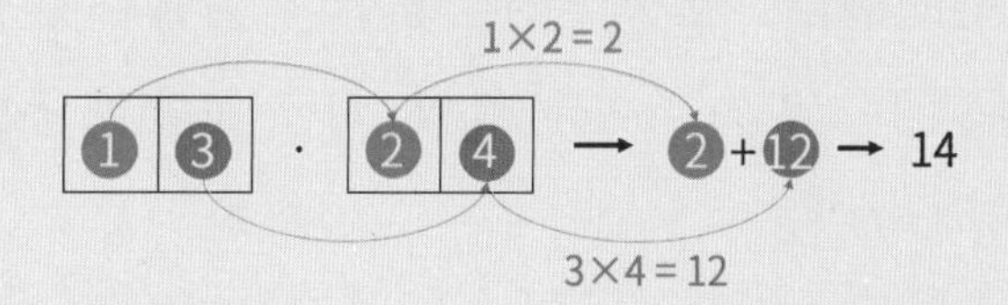

使用向量可以把这一系列描述事物特征的数值组织在一起，形成特征向量。一般地，一个 $n$ 维的向量可表示为 $x=(x_1, x_2, \cdots, x_n)$。比如，一辆汽车的功率为 102 千瓦，车重为 2 350 千克，那么这辆车功率与车重的特征可以表示为(102，2350)。向量(102，2350)可以画在直角坐标系中，如图 4－1－8 所示。

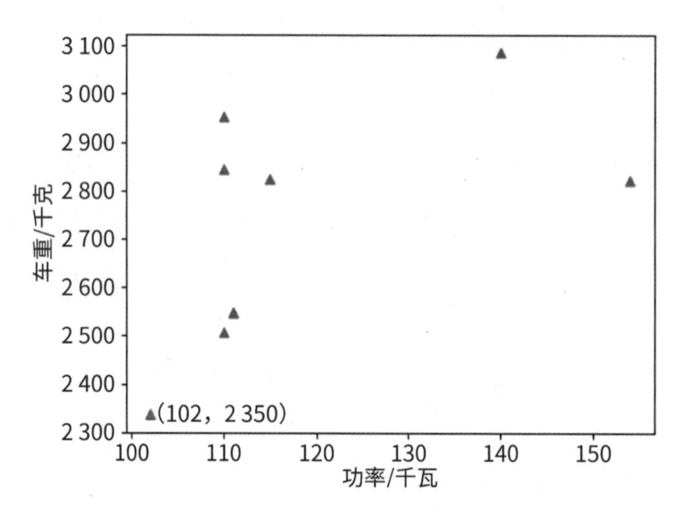


图 4－1－8　特征向量在直角坐标系中的表示

图中包含了一些特征为汽车的车重和功率的特征向量。每个向量是坐标系中的一个点，表示特征的向量的点称为特征点，由所有的特征点构成的空间称为特征空间。

机器学习模型，从数学的角度来看，可以表示为一个函数 $f_\theta$，机器通过学习能够得到这个函数 $y=f_\theta(x)$。其中 $x$ 是模型的输入，通常为特征向量中的数据；$y$ 是模型的输出。在分类的任务中，$y$ 为各种类别；在回归的任务中，$y$ 为输出的预测值。$\theta$ 为函数的参数，对于大家熟悉的一次函数 $y=b_1x+b_2$，$\theta$ 即为 $\{b_1, b_2\}$。

项目实施

**制定项目规划，准备数据提取特征**

一、项目活动

围绕“汽车参数助决策”，从汽车各项参数数据入手，分析汽车参数与价格、价位之间的关系，为购车者提供预测模型。

1. 确定研究问题

从回归、分类等角度，确定小组将要研究的问题。

2. 制定项目规划

小组合作共同制定项目规划。规划内容包括研究数据来源、成员分工、确定特征数据和时间进度等。

提示：可以通过网络或者其他媒介搜寻各种汽车的数据，对不同汽车的各项数据进行采集和整理。

3. 确定特征数据

对整理后的数据进行分析，提取其中可以表征汽车特征的数据，将这些数据用特征向量的形式表示出来（非数字特征可以建立起一定的对应关系来加以转化）。分析特征间的关系，确定包含特征数据和输出目标的数据集。

二、项目检查

确定研究问题，制定项目规划，观察数据，提取特征数据并表示为特征向量的记录方法对汽车数据进行采集和描述，得到一份关于汽车特征的数据集。

练习与提升

1. 生活中，有许多应用回归与分类的场景，尝试举例，说明哪些是回归，哪些是分类，以及用于回归或分类的特征是什么。

2. 根据空气质量中心监测，某市空气质量相关数据如表4-1-2所示。

表4-1-2　某市空气质量相关数据

| 湿度(%) | 18.17 | 35.33 | 31.41 | 57.75 | 70.75 | 88.45 | 87.52 |
|---|---|---|---|---|---|---|---|
| 风速(m/s) | 90.53 | 70.9 | 40.8 | 15.29 | 15.43 | 4.78 | 1.82 |
| 大气压(hPa) | 1014 | 1004 | 1016 | 1027 | 1026 | 1022.46 | 1030.58 |
| $PM_{2.5}$($\mu g/m^3$) | 25.95 | 37.35 | 54.91 | 87.09 | 140.83 | 168.65 | 270.91 |

尝试提取合适的数据特征，用于预测 $PM_{2.5}$ 数据浓度情况。

# 4.2　线性回归

**学习目标**

- 理解简单的线性回归方法，能够使用 Python 求解线性回归问题；
- 了解线性回归中最小二乘法的意义；
- 理解多变量回归的概念，能够解决多个自变量的线性回归问题。

**体验与探索**

**探寻变量之间的相关关系**

在车展中，铭铭发现汽车的价格和功率之间存在相关性关系。为此，他收集了车展上14辆车的功率与价格的数据如表4-2-1所示。

表 4－2－1　车的功率与价格表

| 序号 | 功率(千瓦) | 价格(元) |
|---|---|---|
| 1 | 111 | 165000 |
| 2 | 68 | 55720 |
| 3 | 76 | 68550 |
| 4 | 76 | 65290 |
| 5 | 76 | 71290 |
| 6 | 76 | 72950 |
| 7 | 86 | 78950 |
| 8 | 100 | 103450 |
| 9 | 68 | 51950 |
| 10 | 101 | 109450 |
| 11 | 101 | 118450 |
| 12 | 68 | 53890 |
| 13 | 69 | 54990 |
| 14 | 97 | 95490 |

**思考**　1. 观察上表,试分析汽车功率与价格之间有什么样的关系?

2. 如何描述功率与价格之间的这种关系?

## 4.2.1　线性回归方程的确定

对于表 4－2－1 中铭铭收集的数据,将这些数据画在平面直角坐标系中,得到的数据分布图,如图 4－2－1 所示。

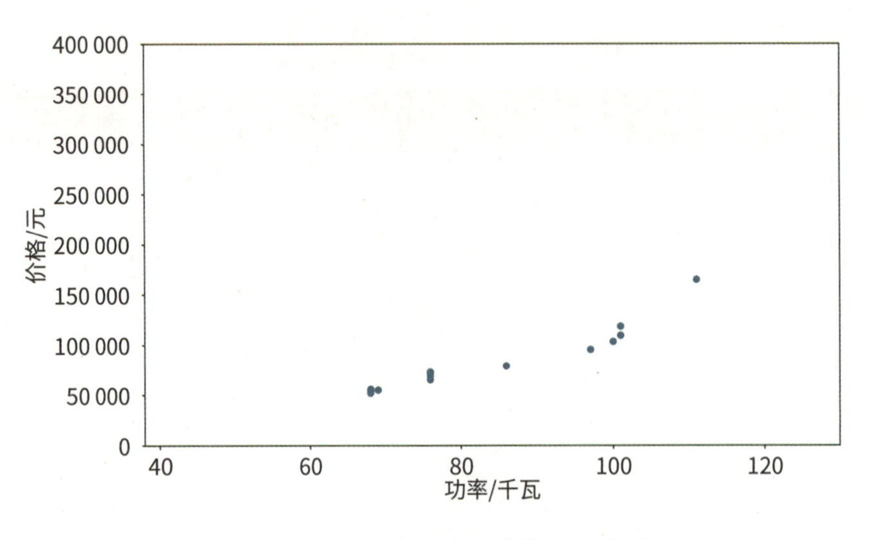


图 4-2-1　汽车功率与价格的散点图

**实践活动**

**回归直线的绘制**

请同学们观察图 4-2-1 中的散点图，分析功率与价格之间的关系。试着在图 4-2-1 中画出一条线，让这些数据点大致均匀分布在线的两边，尝试给出直线的方程。

为了得到汽车功率与价格的具体关系，需要确定一条可以代表两个变量之间的关系的线。直线是最简单的几何图形之一，对应的方程式也比较简单。因此希望找到一条直线来刻画汽车功率与价格的关系。

数学上，直线的方程可以表述为 $y=kx+b$，有一个自变量 $x$ 和一个因变量 $y$，其中 $k$ 是直线的斜率，$b$ 是直线的截距。假定通过机器学习，得到的回归模型是一条直线，那么 $k$，$b$ 是模型的参数，自变量 $x$ 为模型的输入，因变量 $y$ 为模型的输出。因为只有一个自变量且回归方程是一条直线，这样的回归模型称为一元线性回归，它是回归分析中最简单也是最常用的一种。

假设此时想要根据汽车的功率预测汽车的价格，对于图 4-2-1 中的数据而言，机器学习后得到的回归模型中，模型的输入 $x$ 为汽车的功率，$y$ 为汽车的价格，其中 $k$，$b$ 是需要确定的未知系数，在回归问题中称为回归系数。功率 $x$ 和价格 $y$ 就构成了数据点 $(x, y)$，机器学习的回归模型即为 $y=kx+b$，机器学习的目的就是找到 $k$，$b$ 这两个系数。为了得到这两个系数，先收集 $N$ 辆汽车的功率和价格 $\{(x_1, y_1), \cdots, (x_i, y_i), \cdots, (x_N, y_N)\}$ 作为训练集，比如使用图 4-2-1 中 14 辆汽车的功率和价格的数据，即 $\{(111, 165\,000), (68, 55\,720), \cdots, (100, 103\,450), \cdots, (69, 54\,990), (97, 95\,490)\}$ 作为训练集。根据训练集中的数据进行学习，即可确定 $k$，$b$ 这两个系数。

具体如何操作才能确定 $k$，$b$ 呢？对于一元线性回归，训练集中包含大量 $x$ 与 $y$ 的样本数据，此时只有 $k$，$b$ 两个未知数。要解出这两个未知数，可以使用二元一次方程的解法，两个未知数只需两个方程即可求解，即在训练集中挑选两个样本数据，带入两个样本数据点的值即可得到 $k$，$b$。假设抽出两辆汽车的功率和价格 $(68, 55\,720)$ 和 $(69, 54\,990)$，将其将代入方程 $y=kx+b$，即有

$$\begin{cases} 68k+b=55\,720 \\ 69k+b=54\,990 \end{cases}$$

易解得 $k=-730$，$b=105\,360$，即 $y=-730x+105\,360$。将 $y=-730x+105\,360$ 这条直线画入图 4-2-1 的平面直角坐标系中，即为如图 4-2-2 中的红线所示，不难发现，用这样两个点所解得的直线方程严重偏离功率与价格的实际关系。

在回归问题中，若只使用两个数据点来确定回归直线的话，可能出现很

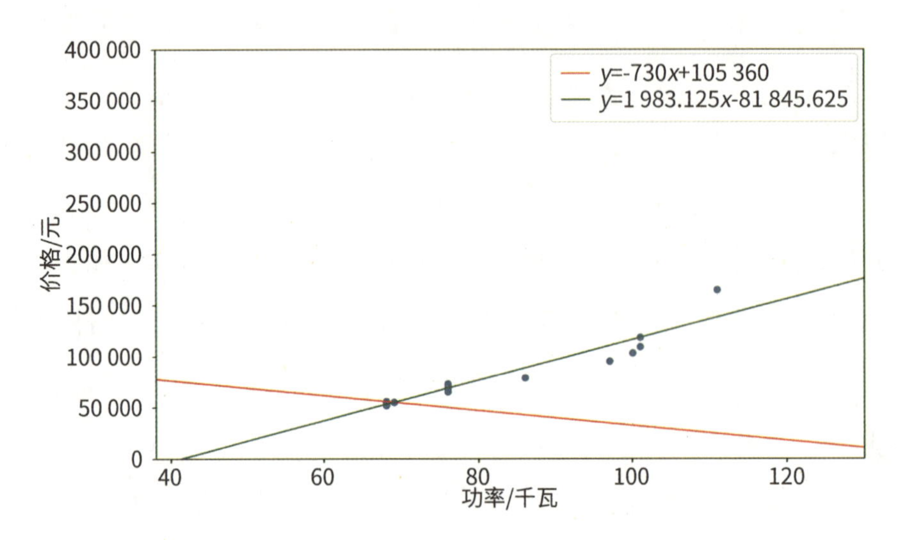


图 4-2-2　任意挑选两个数据进行回归方程的求解结果对比

大的偏差，如图 4-2-2 中红线所示。当然，有时也可能得到比较好的直线，如图 4-2-2 中绿线所示。

**实践活动**

**两个样本数据确定的回归直线的准确性**

同学们可以随机挑两个点试试，看只用两个点的话能不能得到比较好的表示效果。对于表 4-2-1 中汽车功率和价格的数据，请尝试随机挑选两辆汽车的数据去确定回归直线，观察所得直线的趋势和总体数据的趋势是否吻合。

由于随机选定两个数据点得到的回归直线可能会严重偏离实际，因此为了提高模型的准确性，需要尝试使用更多的数据点。但使用多个数据的时候会产生新的问题：方程数目大于未知数的个数。此时常常会造成方程组无解的现象。例如，对三辆汽车的数据点(100，103 450)，(68，55 720)，

(97, 95 490)可列出对应的方程组。

$$\begin{cases}100k+b=103\,450\\68k+b=55\,720\\97k+b=95\,490\end{cases}$$

经求解结算可以发现，增加了一个方程之后，新的方程组无解。从几何的角度出发，每个二元一次方程就是平面上的一条线，因此，解方程的过程就是在找平面上直线公共交点的过程。方程组代表的三条直线如图 4－2－3 所示，由图可知三条直线之间也不存在公共的交点，即方程的解不存在。

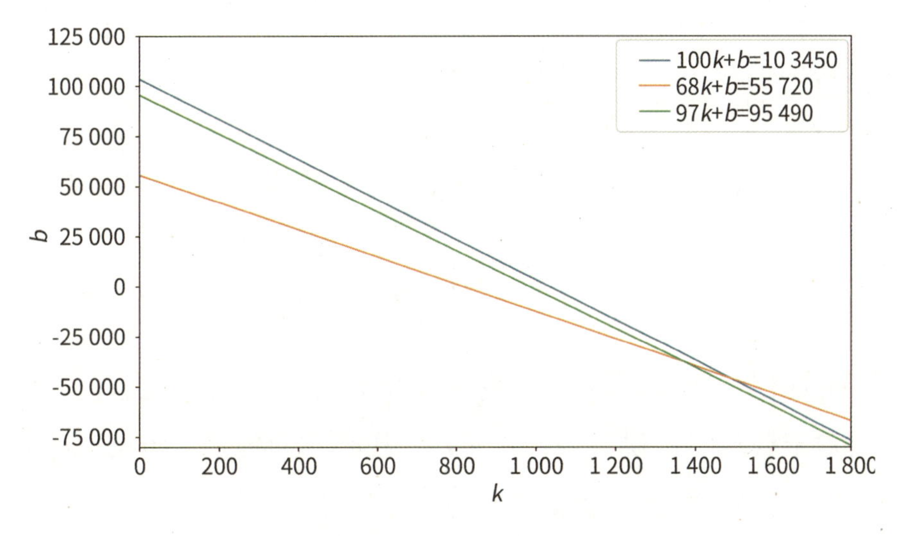


图 4－2－3　三个方程所代表的直线在直角坐标系中的表示

如图 4－2－3 所示，当直线数量大于 2 的时候，各直线间很可能没有公共的交点。直线的数量越多，找到公共交点的可能性就越小。同样的，模型训练时，采用的数据点越多，找到满足所有方程的回归系数 $k$, $b$ 的可能性就越小。

实际上，很多时候问题的求解都会面临类似这样两难的情况，此时常用的处理方法是退而求其次，选择一个相对来说更好的解。对于根据多个数据点求解方程来说，此时不再要求每个方程都必须成立，而是希望确定一条直线，采用该直线的方程代表回归模型，通常尽可能保障模型对每一个数据点的预测误差最小。那么对于该回归模型，数据点的误差如图 4-2-4 所示。

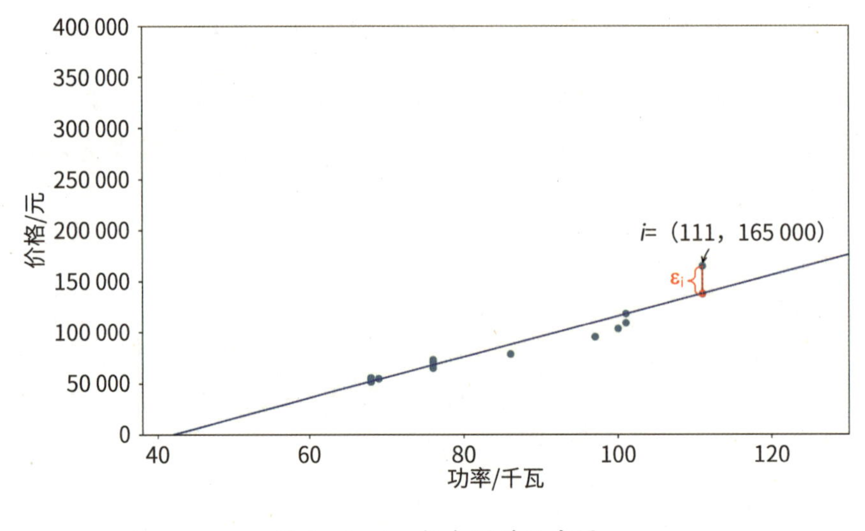


图 4-2-4　拟合误差示意图

对于数据点 $i(x_i, y_i)$，将 $x_i$ 带入回归方程 $y=kx+b$ 能够得到预测值 $\hat{y}_i$，此时对于点 $i$ 来说，误差 $\varepsilon_i=\hat{y}_i-y_i$。因此，尽可能地保障模型对每一个数据点的预测误差最小，也就是对于每一个数据点 $(x_i, y_i)$，将 $x_i$ 带入回归方程 $y=kx+b$ 得到预测值 $\hat{y}_i$ 应该和实际的 $y_i$ 尽可能接近。满足这个条件的直线 $y=kx+b$ 就是对样本点的拟合。拟合的含义是找到一条线去尽可能地靠近每一个数据点，线拟合得越好，误差和越小；拟合得越差，误差和就越大。在图 4-2-2 中，红色直线对大部分的数据点拟合效果非常地差，相较之下，绿色直线的拟合效果相对较好。

**实践活动**

**手绘拟合直线比较拟合误差**

针对表 4－2－1 中的数据，尝试手绘几条不同角度的拟合直线，并比较各条直线的拟合误差。

对于拟合效果，不能只停留在定性的感知上，也要能给出直线拟合程度好坏的定量的衡量标准。对于某个样本点的拟合误差，使用该点到回归直线在 $y$ 轴方向上的距离进行衡量。对于样本$(x_i, y_i)$和回归直线 $y=kx+b$，其拟合误差 $\varepsilon_i=y_i-kx_i-b$，$\varepsilon_i$ 即为点$(x_i, y_i)$到回归直线 $y=kx+b$ 在 $y$ 轴方向上的有向距离，点在直线上方距离为正，点在直线下方距离为负。单个样本的拟合误差如图 4－2－4 所示，拟合误差的绝对值越小，点到直线距离就越近，对该样本的拟合效果就越好。

有了单个样本的拟合误差，就可以计算出总的拟合误差，总的拟合误差为所有样本拟合误差的平方和，即 $\varepsilon=\sum_{i=1}^{N}\varepsilon_i^2$。总拟合误差越小，则对所有样本点的拟合效果就越好。此时，求解模型的方程转化为对方程组 $y_i=kx_i+b+\varepsilon_i$，$i=1, \cdots, N$。求解 $k$、$b$，使得误差的平方和 $\sum_{i=1}^{N}\varepsilon_i^2$ 最小。这种最小化误差平方和得到回归方程系数的方法叫做最小二乘法。

**阅读拓展**

**求和符号与其简单性质**

在数学上，我们使用 $\sum$ 来方便表示求和。例如我们要写一个式子来表示从 1 到 100 的求和，要是一项项地写出来显然是非常麻烦的，有了求和

符号 $\sum$ 我们就可以简便地将式子表示出来：

$$\sum_{i=1}^{100} i = 1+2+3+\cdots+99+100 = 5\,050$$

$\sum$ 符号下面的 $i=1$ 表示计数变量是 $i$，并且从 1 开始，上面的 100 表示计数一直到 $i=100$ 为止。

求和符号有一些容易验证的简单性质：

1) $\sum_{i=1}^{N}(a_i+b_i)=\sum_{i=1}^{N}a_i+\sum_{i=1}^{N}b_i$ 这条性质是加法交换结合律的体现；

2) $\sum_{i=1}^{N}ax_i=a\sum_{i=1}^{N}x_i$，其中 $a$ 是常数，这条性质是乘法结合律的体现。

阅读拓展

### 总拟合误差的定义

总拟合误差的定义方式可以有很多种，但为什么通常采取误差平方和的形式呢？下面对几种最容易想到的定义方法进行讨论分析。

(1) 求拟合误差的和 $\sum_{i=1}^{N}\varepsilon_i$，这种方式是最直接能想到的总误差的定义方式，但这种定义的问题在于拟合误差有正有负，在求和的时候会相互抵消，本来非常大的拟合误差相互抵消之后可能变得非常小，不能反映出整体的误差。

(2) 求拟合误差的绝对值之和 $\sum_{i=1}^{N}|\varepsilon_i|$，此种定义方法避免了方法(1)中拟合误差的相互抵消的性质，但由于绝对值函数是个分段函数，不便于计算。

(3) 求拟合误差的平方和 $\sum_{i=1}^{N}\varepsilon_i^2$，这种定义方式计算简便且不会出现相互抵消的现象，因此常常采用误差平方和的方式定义总体误差。

### 4.2.2　回归系数的计算

有了方程求解目标，可以得到使得误差的平方和 $\sum_{i=1}^{N}\varepsilon_i^2$ 最小的解为

$$\begin{cases} k=\dfrac{\sum_{i=1}^{N}(x_i-\bar{x})(y_i-\bar{y})}{\sum_{i=1}^{N}(x_i-\bar{x})^2} \\ b=\bar{y}-k\bar{x} \end{cases}$$

其中 $\bar{x}=\dfrac{1}{N}\sum_{i=1}^{N}x_i$，$\bar{y}=\dfrac{1}{N}\sum_{i=1}^{N}y_i$ 是样本的平均值，在得到了回归系数 $k$，$b$ 之后，将其带入到回归方程中，可以得到回归方程 $\hat{y}=kx+b$。因为回归方程根据 $x$ 的值得到的是因变量的预测值而非真实值，所以用 $\hat{y}$ 来表示这一预测的结果。

**阅读拓展**

**一元线性回归系数的推导**

当 b=0，即直线过原点的情况下斜率 k 的最小二乘解是什么呢?

当 b=0 时，拟合误差的平方和

$$\begin{aligned}\sum_{i=1}^{N}\varepsilon_i^2&=\sum_{i=1}^{N}(y_i-kx_i)^2\\&=\sum_{i=1}^{N}(y_i^2-2kx_iy_i+k^2x_i^2) \qquad ①\\&=k^2\sum_{i=1}^{N}x_i^2-2k\sum_{i=1}^{N}x_iy_i+\sum_{i=1}^{N}y_i^2\end{aligned}$$

上式中，$\sum_{i=1}^{N}x_i^2$、$\sum_{i=1}^{N}x_iy_i$、$\sum_{i=1}^{N}y_i^2$ 均为常数，可以通过代入训练集中的数据得到。令 $A=\sum_{i=1}^{N}x_i^2$，$B=\sum_{i=1}^{N}x_iy_i$，$C=\sum_{i=1}^{N}y_i^2$，$Y=\sum_{i=1}^{N}\varepsilon_i^2$ 则①式可以写为：

$$Y = Ak^2 - 2Bk + C(A > 0) \quad ②$$

通过数学中的学习，对于二次函数 $y = ax^2 + bx + c(a \neq 0)$，

如果 $a > 0$，则二次函数存在最小值，且当 $x = -\frac{b}{2a}$ 时取得；

如果 $a < 0$，则二次函数存在最大值，且当 $x = -\frac{b}{2a}$ 时取得；

因此对于②式子来说，它是关于 $k$ 的二次函数，且 $A > 0$，因此该函数存在最小值，且当 $k = -\frac{(-2B)}{2A} = \frac{B}{A} = \frac{\sum_{i=1}^{N} x_i y_i}{\sum_{i=1}^{N} x_i^2}$ 时取得最小值。

$b = 0$ 是线性回归直线过原点的特殊情况，形式更加简单。对于 $b \neq 0$ 来说，与之原理相同，感兴趣的同学可以自行演算，并与一般形式求出的直线对比，观察其拟合效果。

实践活动

**用 Python 计算线性回归方程参数**

在给出数据点对$\{(x_i, y_1), \cdots, (x_i, y_i), \cdots, (x_N, y_N)\}$的情况下，$k$，$b$ 的计算公式很容易能够解出相应的值，同学们可以自己动手写个简单的程序来实现。对于表 4-2-1 中的回归问题，编写程序，求解线性回归方程的参数。

阅读拓展

**计算线性回归方程参数的工具**

虽然直接动手计算可以得到回归模型的参数，但当数据比较多的时候，直接手算比较麻烦且容易出错，作为标准的算法，各种统计工具可以轻松地

完成这个任务。Excel 作为一个常用的数据分析管理软件，可以轻松地完成线性回归的处理，对于表 4-2-1 中的数据，可以使用 Excel 中图表分析功能来建立回归模型，具体结果如图 4-2-5 所示，线性回归参数 $k=1997.4$，$b=-83756$。

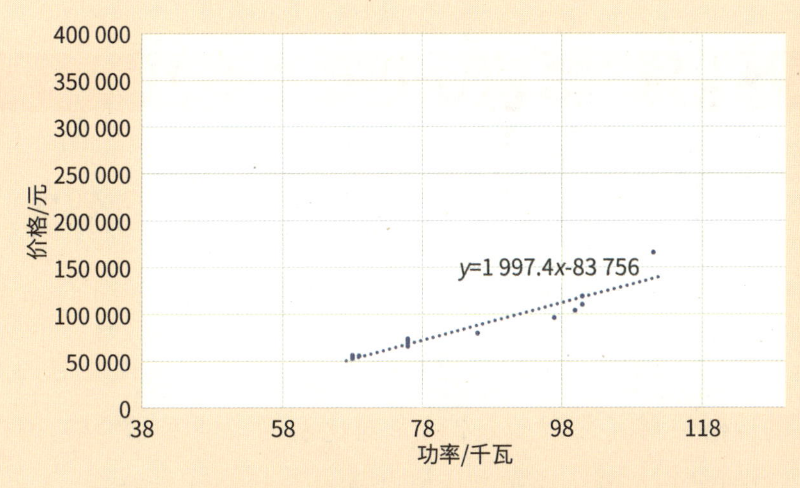


图 4-2-5　用 Excel 绘制的一元线性回归曲线及回归方程

Python 中，除了自己设计算法实现回归方程的参数求解以外，Python 也提供了直接计算线性回归参数的工具，scikit-learn 拓展包中的 LinearRegression 可以直接用来计算回归的系数，以表 4-2-1 中的前 8 条数据作为训练集，LinearRegression 计算回归系统具体使用方法详见代码清单 4-2-1。

代码清单 4-2-1　LinearRegression 计算回归系统的代码示例

```
from sklearn import linear_model
import numpy as np

# 首先定义一个线性回归对象
linear = linear_model.LinearRegression()
# 定义数据集
x = np.array([110, 68, 76, 76, 76, 76, 86, 100])
y = np.array([165000, 55720, 68550, 65290, 71290, 72950, 78950, 103450])
# 训练模型
linear.fit(x.reshape(-1, 1), y)
k_0 = linear.coef_[0]    # coef_回归系数(斜率)的数组
b_0 = linear.intercept_   # intercept_截距
```

机器学习的过程包括训练、测试和应用，回归方程的建立实际上是训练的过程。得到回归方程之后，可以对模型进行测试，切记，测试集中的数据通常是新的数据，与训练集中的数据不同。如表 4-2-2 所示，重新收集了两辆车的信息作为测试集。

表 4-2-2　车的功率与价格表

| 序号 | 功率(千瓦) | 价格(元) |
| --- | --- | --- |
| A | 110 | 155 100 |
| B | 68 | 55 720 |

在表 4-2-2 的数据中选取测试数据，利用回归模型 $y=1\,997.4x-83\,756$ 对汽车的价格进行预测，车 A 的价格预测值为 135 958 元，车 B 的价格预测值为 52 067.2 元。对比两辆车的实际价格，可以发现，相对来说模型对 B 车的价格预测比对 A 车的价格预测准确，对 A 车而言预测误差较大。实际上，影响模型性能的因素有很多，比如训练模型时选择的特征数量，这是因为影响汽车价格的因素很多，只考虑功率一个因素得到的模型，只能较为粗略地估计车的价格。此外训练集中的数据规模和数据质量也是影响模型性能的重要因素。不同数据规模对模型的影响如图 4-2-6 所

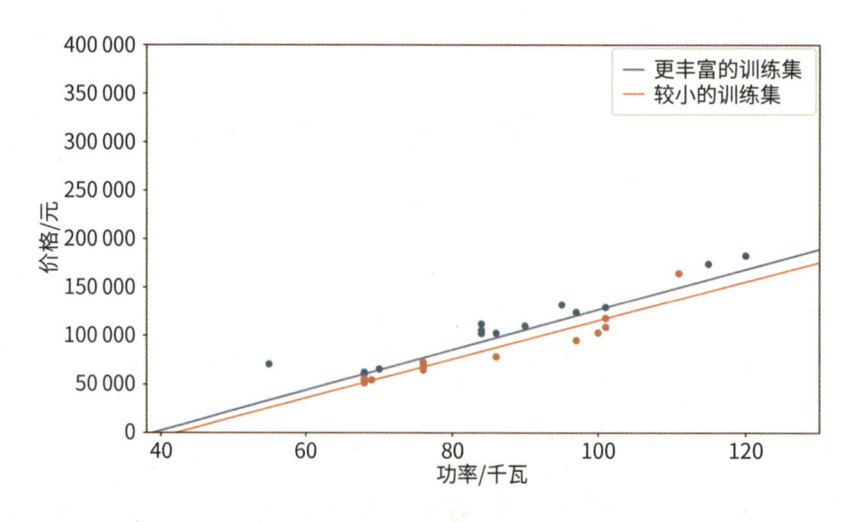


图 4-2-6　不同规模训练集训练得到模型的对比

示。图中包含两个不同规模的训练集，其中规模较小的训练集为图中橙色的点，规模较大的训练集为图中橙色点与蓝色点的集合。

此外，训练模型时还需要注意训练集中的异常数据，异常数据直接影响模型的性能，如图 4－2－7 所示，图中有一个异常的数据点(标注为红色点)，该训练集包含该数据点最终得到的模型为图中的红色直线，观察可以发现，在训练集数据量相对较小时，一个数据点对模型产生了很大的影响。

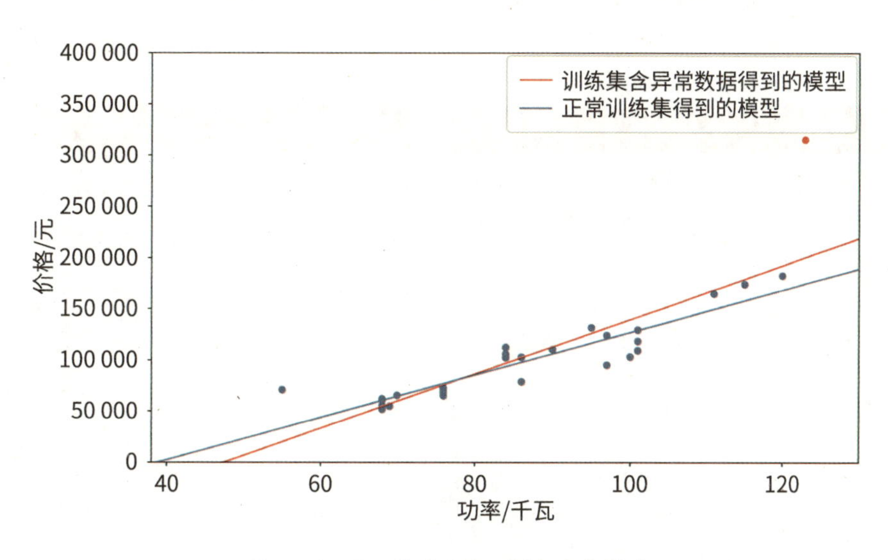


图 4－2－7　异常数据对模型的影响

### 4.2.3　多个自变量的线性回归

由于汽车的价格影响因素很多，只用功率这一特征来进行价格的预测可能会有很大的误差。为了缩小误差，让预测模型更准确，可以设计多个特征联合起来对汽车的价格进行预测。比如，选取汽车重量、汽车功率、气缸数等多个特征，车重 $x_1$，功率 $x_2$，气缸数 $x_3$ 等。具有 $n$ 个特征的特征向量可以表示为($x_1$, $x_2$, $x_3$…, $x_n$)，与一个自变量的线性回归相似，多个自变量的线性回归方程可以写为 $y=b_1x_1+b_2x_2+\cdots+b_nx_n+b_{n+1}$，$b_1$，$b_2$，…，$b_n$，$b_{n+1}$ 是函数的系数，即回归函数的参数 $\theta$，这里 $\theta=[b_1, b_2, \cdots, b_n,$

$b_{n+1}$]，这里共有 $n+1$ 个参数需要通过机器学习确定。与一个自变量的情形相同，多个自变量的线性回归方程的求解同样是求得使总的拟合误差 $\varepsilon=\sum_{i=1}^{N}\varepsilon_i^2$ 最小的参数 $\theta$。为了得到这些参数，可以使用 scikit-learn 拓展包里面的 LinearRegression 工具。

如表 4-2-3 所示，列出了 14 辆汽车的功率、重量和价格的数据，以车重和功率两个特征为例，体验一下多元线性回归的效果。

表 4-2-3　车的功率、重量与价格表

| 序号 | 功率(千瓦) | 重量(千克) | 价格(元) |
|---|---|---|---|
| 1 | 111 | 2548 | 165000 |
| 2 | 68 | 1876 | 55720 |
| 3 | 76 | 1819 | 68550 |
| 4 | 76 | 1940 | 65290 |
| 5 | 76 | 1956 | 71290 |
| 6 | 76 | 2010 | 72950 |
| 7 | 86 | 2236 | 78950 |
| 8 | 100 | 2293 | 103450 |
| 9 | 68 | 1890 | 51950 |
| 10 | 101 | 2380 | 109450 |
| 11 | 101 | 2380 | 118450 |
| 12 | 68 | 1918 | 53890 |
| 13 | 69 | 1889 | 54990 |
| 14 | 97 | 2302 | 95490 |

令汽车功率、车重两个特征的条件分别为 $x_1$，$x_2$，汽车价格为 $y$，则回归方程可写为 $y=k_1x_1+k_2x_2+b$。借助 LinearRegression 工具，可以解得 $k_1=1703.39$，$k_2=19.18$，$b=-99511.28$。

则对应的回归方程为 $y = 1703.39x_1 + 19.18x_2 - 99511.28$。使用求得的回归方程，对测试集数据进行价格预测，测试集数据如表 4－2－4 所示。

表 4－2－4　车的功率、重量与价格表

| 序号 | 功率（千瓦） | 重量（千克） | 价格（元） |
| --- | --- | --- | --- |
| A | 110 | 2758 | 155100 |
| B | 68 | 1918 | 55720 |

运用回归模型，可以得到车 A 的价格预测值为 140767.35 元，车 B 的价格预测值为 53111.51 元。相比于一元线性回归，二元线性回归模型对汽车价格的预测更加准确，可见选择更多的特征提升回归模型性能具有正向作用。需要注意的是在选择特征的时候，要根据问题，选择有较强联系的特征，若选择的特征和目标关系不大的话，只能白白增加计算量，有时甚至还会起到相反的作用。

**项目实施**

### 训练回归模型预测汽车价格

**一、项目活动**

在汽车特征数据集中选择合适的特征作为自变量，用一部分数据建立这些特征与汽车价格的回归模型，再用另一部分数据去测试所得模型的有效性。

**二、项目检查**

根据线性回归分析的一般步骤编写程序建立回归模型，运行并测试模型预测的准确率。

**练习与提升**

1. 某市某段时间的风速与 $PM_{2.5}$ 浓度数据，如表 4-2-5 所示。

表 4-2-5　某市某段时间的风速与 $PM_{2.5}$ 浓度数据

| 风速(m/s) | 90.53 | 70.9 | 40.8 | 15.29 | 15.43 | 4.78 | 1.82 |
|---|---|---|---|---|---|---|---|
| $PM_{2.5}$ ($\mu g/m^3$) | 25.95 | 37.35 | 54.91 | 87.09 | 140.83 | 168.65 | 270.91 |

尝试通过 Python 编程语言求解线性回归模型，预测风速为 50 时，可能的 $PM_{2.5}$ 浓度值大小。

2. 求得上面的模型后，试计算表 4-2-5 中所有数据点的总拟合误差。

# 4.3　二分类

**学习目标**

- 理解简单的线性分类方法，能够使用 Python 解决分类问题；
- 了解损失函数的意义及其优化过程，能够通过损失函数迭代算法完成模型训练。

**体验与探索**

**按高低价位对汽车进行分类**

在车展中，铭铭发现汽车可以分为经济型、中档、中高档、高档等类别。对应不同类别车的价位也大不相同。普遍来说，经济型与中档的车价格相对低一些，中高档与高档车价格相对高一些。根据某个标准，可以将车划分为高价位区和低价位区。按照高低价位对汽车进行区分，这是个典型的分类问题。假如车展可以根据某个标准来进行展区划分，来参观购车的人无疑更有目的性。

**思考**　1. 根据哪些信息可以将汽车划归为不同的类别？

2. 试分析，你会以汽车的哪些特征为标准来区分汽车？

### 4.3.1　线性分类器

通过汽车的各项参数能分辨出车是属于高价位区还是低价位区。为了对众多的汽车进行分类，首先需要收集数据，然后寻找特征数据让机器学习，最终将得到一个分类模型。

**思考活动**

**如何将不同类别的车分开**

车的重量与车的功率这两个特征对车的价格有着重要影响，如图 4-3-1

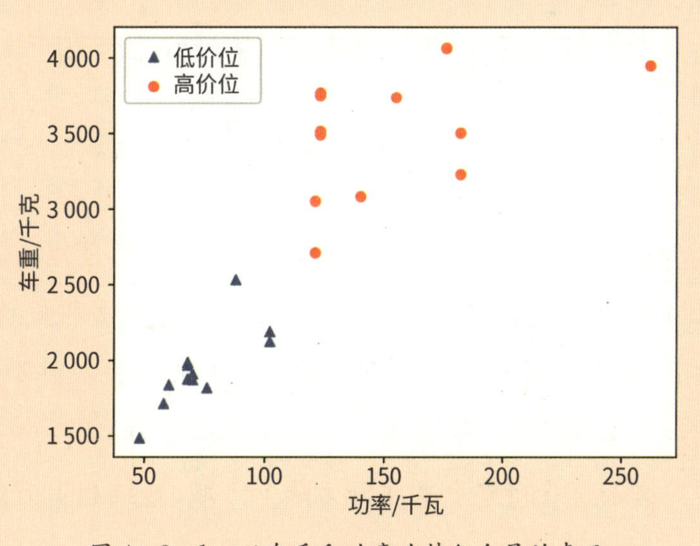


图 4-3-1　以车重和功率为特征向量的表示

所示,图中展示了几辆车的重量与功率在平面直角坐标系中的分布,同时图中还标注了不同汽车对应数据点是高价位还是低价位。

**思考** 1. 图中的高价位与低价位的数据点是否是显著可区分的?

2. 试分析,如何将图中的两种价位的车型区分开来?

本质上来说,回归模型是由特征向量到预测值的函数,而分类器是一个由特征向量到预测类别的函数。实际上,按照价位对汽车分类,实际上就是找到一个分界线,将不同汽车价位的特征点区分开,如图 4-3-2 所示。

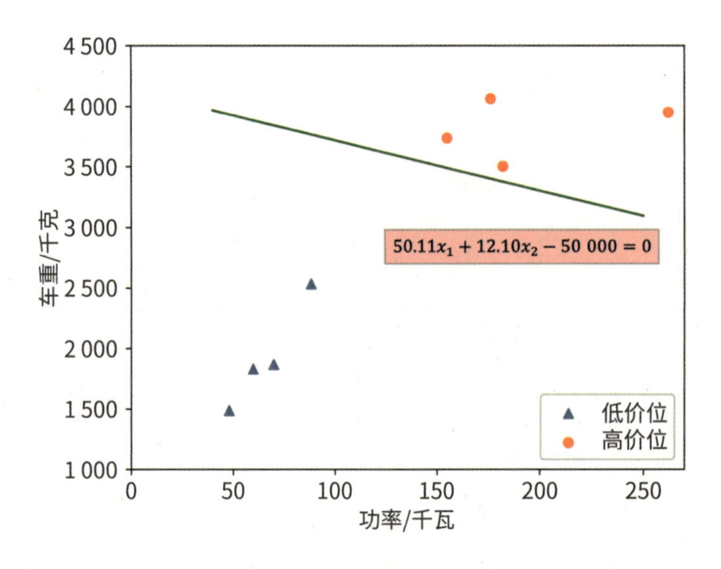


图 4-3-2 用一条直线来区分两种价位的汽车

使用 $x_1$ 表示汽车的功率,使用 $x_2$ 表示汽车的重量,使用 $y$ 表示汽车不同的类别,此时 $y$ 的值为高价位和低价位。为了便于计算机处理,将具体类别转化为数字,高价位用+1 代表,低价位用−1 来代表。对于图 4-3-2 中的数据点,可以找到一条直线,直线方程为 $50.11x_1+12.10x_2-50\,000=0$。这条直线将整个平面分为两个区域,直线右上方的点均为高价位(用+1 代表),直线左下方的点均为低价位(用−1 代表)。那么针对汽车功率和重量这两个特征,对汽车价位进行分类的分类器,可以用下面的函数来表示:

$$y=\begin{cases}+1,\ 50.11x_1+12.10x_2-50\,000>0\\-1,\ 50.11x_1+12.10x_2-50\,000\leqslant 0\end{cases}$$

其中 $f(x_1,\ x_2)=50.11x_1+12.10x_2-50\,000$ 与图中的直线有对应关系,$f(x_1,\ x_2)=0$ 即为图中所示的直线;$f(x_1,\ x_2)>0$ 表示特征点$(x_1,\ x_2)$在直线的右上方,反之则表示特征点在直线的左下方。

$f(x)$是分类器的核心,不同的 $f(x)$相当于在图 4-3-2 中不同的直线。函数 $f(x)$的形式多种多样,一般来说,具有 $f(x_1,\ x_2,\ \cdots,\ x_n)=a_1x_1+a_2x_2+\cdots+a_nx_n+b$ 形式的分类器被称为线性分类器;其中 $n$ 是特征向量的维数,即有多少个特征;$a_1,\ a_2,\ \cdots,\ a_n,\ b$ 是函数的系数,即分类器的参数 $\theta$, $\theta=[a_1,\ a_2,\ \cdots,\ a_n,\ b\ ]$。以功率和重量作为特征向量进行汽车价格分类为例,$x_1$ 代表汽车的功率,$x_2$ 代表汽车的重量,分类器 $f(x)=f(x_1,\ x_2)=a_1x_1+a_2x_2+b$。如果有大量的数据,机器通过对数据进行学习,可以确定参数 $a_1,\ a_2,\ b$ 的具体值。

图 4-3-1 中,通过观察就可以画出一条直线,来将两个类别分隔开,这是因为图中的数据点比较少。在实际的分类项目中,数据集中的特征点在特征空间中的分布非常复杂,尤其是超过三维的特征向量。因此,通过观察画出分类直线是不可能实现的。这时,通过机器学习算法,对训练集中样本数据进行学习,可以得到对应的模型。不同于回归算法,求解分类问题的数学过程更加复杂,无法用一个明确的式子直接给出最终的答案。这种情况下就需要设计一些方法,通过训练,从而得到分类器模型。

### 4.3.2 用感知器进行汽车价位的分类

感知器是一种常见的线性分类器,感知器的主要想法是利用被误分类的训练数据来调整现有的分类器的参数,使得调整后的分类器更加准确。感知器算法的训练过程,如图 4-3-3 所示。

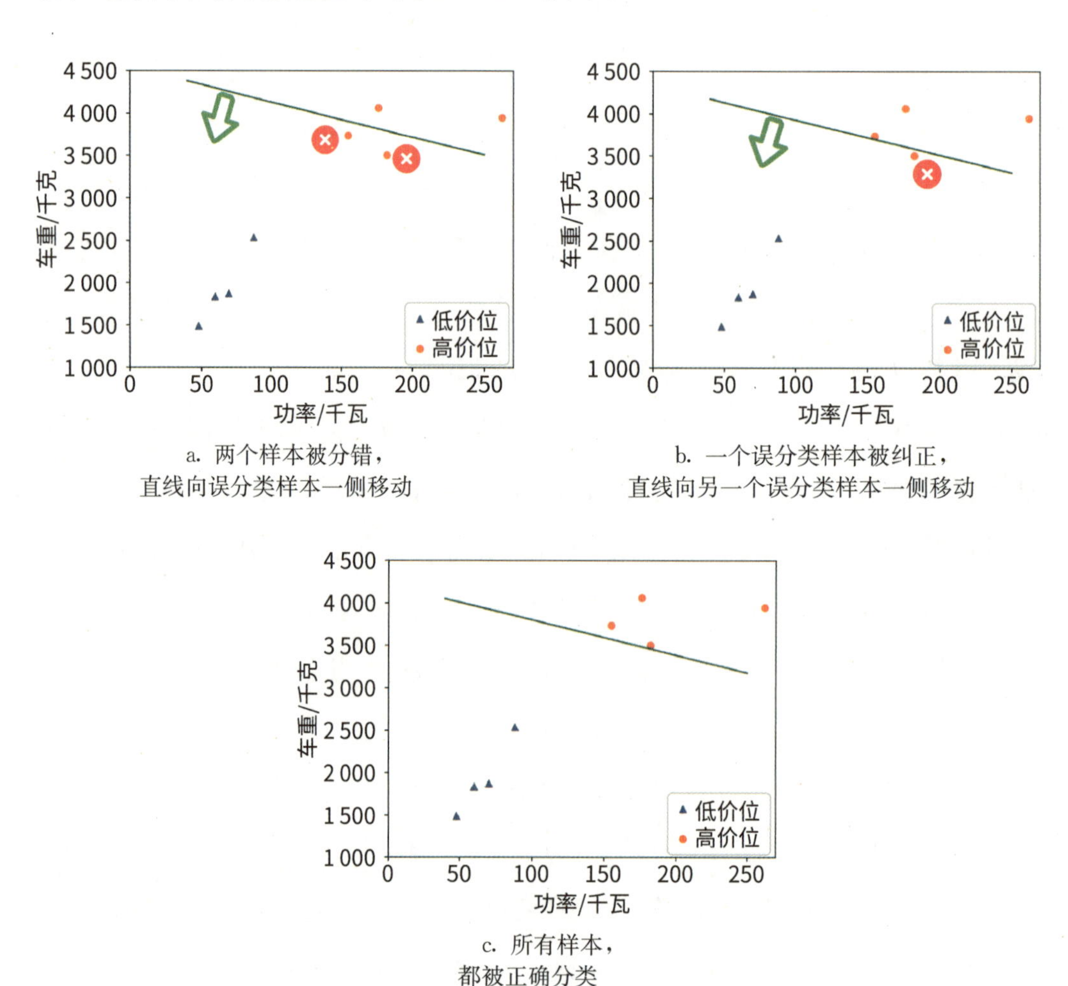


a. 两个样本被分错,直线向误分类样本一侧移动

b. 一个误分类样本被纠正,直线向另一个误分类样本一侧移动

c. 所有样本,都被正确分类

图 4-3-3 感知器的训练过程示意图

图 4-3-3(a)中绿色的分类直线分错了两个样本,此时分类的直线将会向着误分类的样本移动,方向如图中绿色箭头。图 4-3-3(b)代表经过调整之后,一个误分类的样本被纠正,但是仍然有一个样本分错。接下来,

分类直线向着仍被分错的样本移动，直到直线越过被分错的样本。至此，所有的训练数据就都被正确地分类了。

以特征向量为(汽车功率，汽车重量)的训练集为例，感知器模型函数为：

$$y=\begin{cases}+1,\ a_1x_1+a_2x_2+b>0\\-1,\ a_1x_1+a_2x_2+b\leqslant 0\end{cases} \tag{③}$$

其中 $\boldsymbol{a}$，$b$ 为感知器模型参数，$\boldsymbol{a}=(a_1,\ a_2)$ 称为权值或权值向量，$b$ 称为偏置。

对于标注为 $y=+1$ 的样本数据，比如训练集中的高价位车样本数据，若存在样本数据$(x_1,\ x_2)$，使得 $a_1x_1+a_2x_2+b\leqslant 0$，则该样本数据被误分类；对于标注为 $y=-1$ 的样本数据，比如训练集中的低价位车样本数据，若其使得 $a_1x_1+a_2x_2+b>0$，则该样本数据被误分类。综合上面两种情况，要是对于任意一个样本数据，如果该样本数据满足：

$$y\times(a_1x_1+a_2x_2+b)<0$$

则这个样本数据被误分类。如图 4－3－4 所示，展示了特征向量为(汽

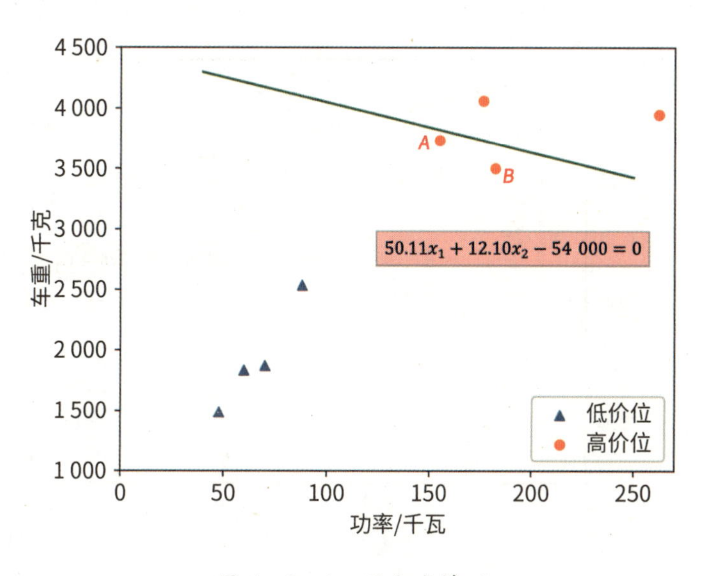


图 4－3－4　误分类情况

车功率，汽车重量）的训练集，某感知器模型的一种误分类情况。

当前分类器模型函数为：

$$y=\begin{cases}+1,\ 50.11x_1+12.10x_2-54\,000>0\\-1,\ 50.11x_1+12.10x_2-54\,000\leqslant 0\end{cases}$$

图中点 $A(155,\ 3740)$、$B(182,\ 3505)$ 被误分类。训练集样本中出现误分类的样本数据，感知器需要继续学习。感知器通过被误分类的样本数据调整分类直线的参数，使得直线向着被误分类的样本一侧移动，来减小误分类样本到分类直线的距离，直到直线越过该误分类的数据使其被正确地分类。

假设数据集是线性可分的，即存在某个线性方程能够完全将正负两类数据全部分割开来，那么感知器的学习目标就是找到可以将训练集中的两类数据分开的线性方程。也就是确定公式③中的感知器模型参数 $\boldsymbol{a}=(a_1,\ a_2)$ 与 $b$。此时需要指定一个策略用于感知器学习，这个策略可以根据数据集中被误分类的样本数据来确定。图 4-3-5 展示了某种误分类的情况下，误分类数据点到模型的距离。

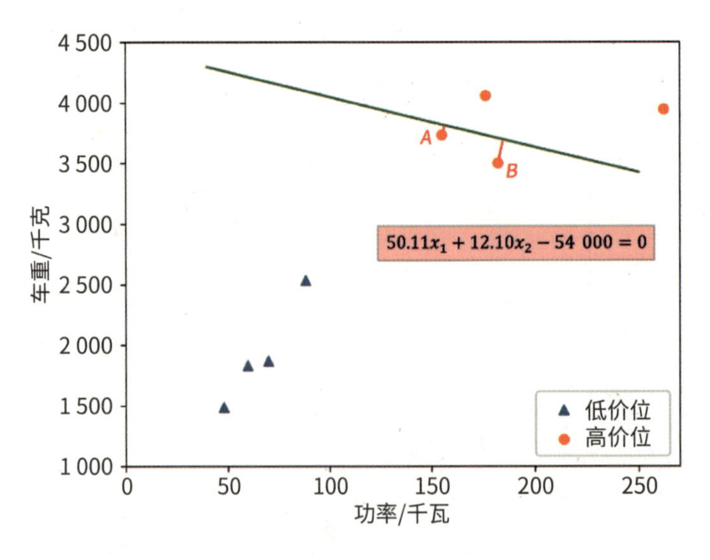


图 4-3-5　误分类数据点到感知器模型的距离

图中 $B$ 点相对 $A$ 点，距离直线方程 $50.11x_1 + 12.10x_2 - 54\,000 = 0$ 更远，因此 $B$ 点的误分类程度大于 $A$ 点。误分类点到当前线性模型直线方程的距离，可以刻画误分类程度。

已知，任意一点 $X_i(x_1^i, x_2^i)$ 到直线 $a_1x_1 + a_2x_2 + b = 0$ 的距离 $d$ 为：

$$d = \frac{|a_1x_1^i + a_2x_2^i + b|}{\sqrt{(a_1^2 + a_2^2)}}$$

如果 $X_i(x_1^i, x_2^i)$ 被误分类，一定有 $y_i \times (a_1x_1^i + a_2x_2^i + b) < 0$，即 $-y_i \times (a_1x_1^i + a_2x_2^i + b) > 0$。根据“$-y_i \times (a_1x_1^i + a_2x_2^i + b) > 0$ 且 $|y_i| = 1$”去掉距离 $d$ 公式中的绝对值符号，如下：

$$d = \frac{|a_1x_1^i + a_2x_2^i + b|}{\sqrt{(a_1^2 + a_2^2)}} = -\frac{y_i \times (a_1x_1^i + a_2x_2^i + b)}{\sqrt{(a_1^2 + a_2^2)}}$$

对于训练数据集中所有误分类的数据集合 $W$，所有误分类点到模型直线方程的总距离 $D$ 为：

$$\begin{aligned} D &= \sum_{X_i \in W}\left(-\frac{y_i \times (a_1x_1^i + a_2x_2^i + b)}{\sqrt{(a_1^2 + a_2^2)}}\right) \\ &= -\frac{1}{\sqrt{(a_1^2 + a_2^2)}}\sum_{X_i \in W} y_i \times (a_1x_1^i + a_2x_2^i + b) \end{aligned}$$

因为分母 $\sqrt{(a_1^2 + a_2^2)}$ 是一个正数对整体的影响不大，不考虑 $\frac{1}{\sqrt{(a_1^2 + a_2^2)}}$。此时得到一个参数为 $a_1, a_2, b$ 的函数，具体如下：

$$L(a_1, a_2, b) = -\sum\nolimits_{X_i \in W} y_i \times (a_1x_1^i + a_2x_2^i + b) \qquad ④$$

这个函数被称为感知器学习的损失函数，用以描述训练集中所有误分类数据被误分类的情况。因此，感知器进行学习优化的过程就是寻找参数

$a_1$，$a_2$，$b$，使得 $L(a_1, a_2, b)$ 的值最小（实际上应该称为，确定参数 $a_1$，$a_2$，$b$，使得损失函数达到极小），此时没有误分类点。

假设误分类点集合 $W$ 是确定的，对于损失函数：

$$L(a_1, a_2, b) = -\sum_{X_i \in W} y_i \times (a_1 x_1^i + a_2 x_2^i + b)$$

$$= -\sum_{X_i \in W} y_i x_1^i a_1 - \sum_{X_i \in W} y_i x_2^i a_2 - \sum_{X_i \in W} y_i b$$

阅读拓展

**损失函数进行参数优化的原理**

针对公式④中损失函数 $L(a_1, a_2, b)$，图 4-3-6 展示了某个误分类点损失函数值。在图 4-3-6(a)中，只有一个样本被误分类，损失函数的值为 969.48；而在图 4-3-6(b)中，有两个样本被误分类，损失函数值为 3448.43。同时可以发现，当特征点离直线越远，损失函数就越大。

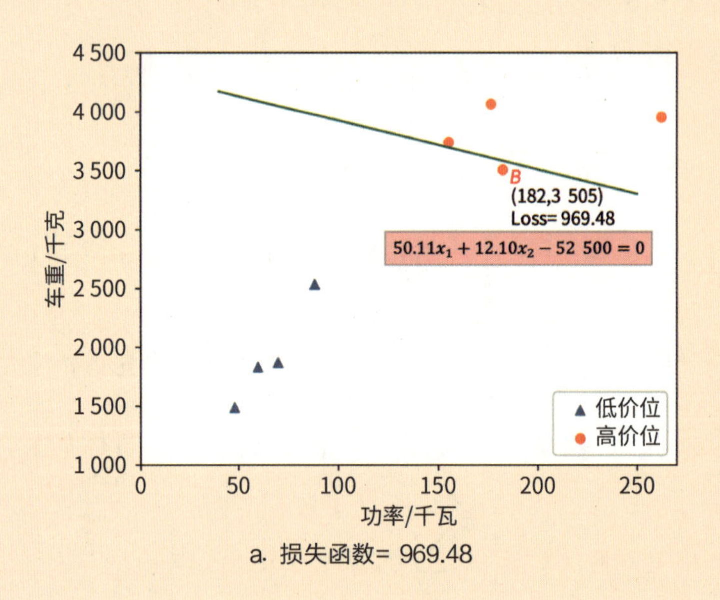


a. 损失函数= 969.48

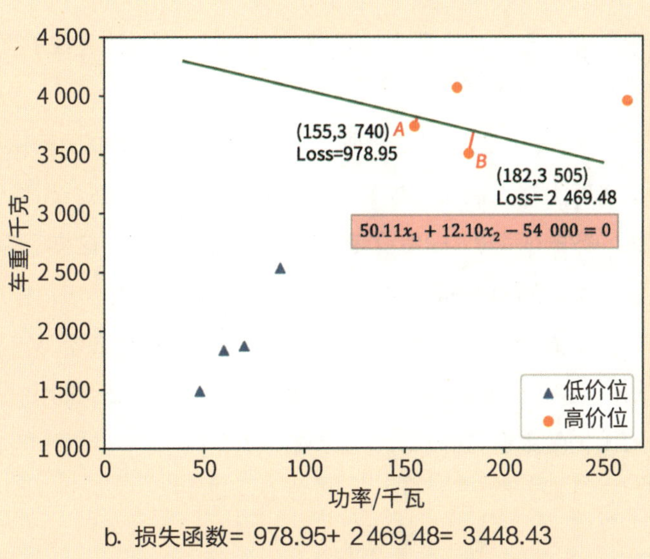


b. 损失函数= 978.95+ 2 469.48= 3 448.43

图 4-3-6　不同分类边界的损失函数

有了损失函数来衡量分类器对样本的误分类程度之后，就可以用优化的方法调整分类器的参数，来减小分类器对数据的误分类，感知器的学习算法就是优化的方法在感知器的损失函数上具体的应用。

一般来说，优化就是调整分类器的参数，使得损失函数逐渐变小的过程。为了方便起见，只考虑两个参数 $a_1$，$a_2$，如图 4-3-7 所示，对于每一组不同的 $a_1$，$a_2$，都对应一个损失函数值。图 4-3-7 左图是不同参数值

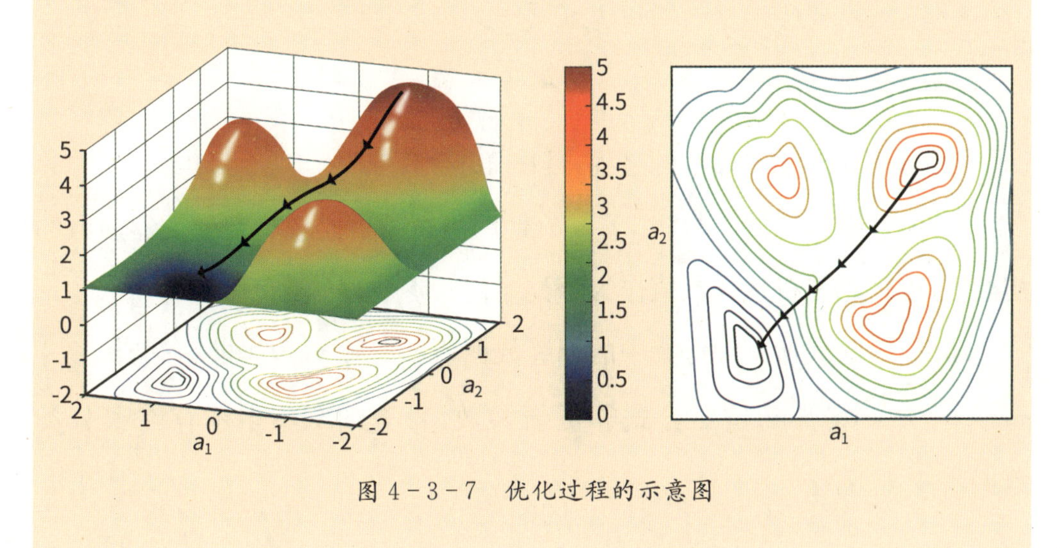


图 4-3-7　优化过程的示意图

对应损失函数值在三维坐标系中的呈现，右边是对应的等高线的图，同一个等高线上的损失函数值相同。

从图 4-3-7 的左图中可以看到，损失函数值组成的曲面就像连绵起伏的山。有山峰有山谷。损失函数最小的点就是最低的山谷。而优化目标正是使得损失函数的值最小，即希望走到海拔最低的山谷。这样一来，优化的过程就是从山上走到山谷的下山过程。

如果每次沿着当前的位置往下山的方向走一小步，这样每一步后都能走到更低的位置，即得到更小的损失函数值，直到到达最低的山谷，此时取得了最好的损失函数值，完成了优化过程。

为了使得 $L(a_1, a_2, b)$ 的值最小，$a_1$ 应该向着 $\sum_{X_i \in W} y_i x_1^i$ 的方向变化，$a_2$ 应该向着 $\sum_{X_i \in W} y_i x_2^i$ 的方向变化，$b$ 应该向着 $\sum_{X_i \in W} y_i$ 的方向变化。

对于任意一个误分类点 $(x_1', x_2'; y')$，参数 $a_1, a_2, b$ 更新如下：

$$
\begin{aligned}
a_1 &\leftarrow a_1 + y'x_1' \\
a_2 &\leftarrow a_2 + y'x_2' \\
b &\leftarrow b + y'
\end{aligned} \qquad ⑤
$$

综上，感知器学习算法的过程，具体如下：

第一步：选取初始参数 $a_1, a_2, b$（此时可以根据经验指定分类器参数的初始值，也可以随机选择数值作为分类器初始参数）；

第二步：迭代所有训练集中的训练数据 $(x_1', x_2'; y')$，如果 $y' \times (a_1 x_1' + a_2 x_2' + b) \leqslant 0$，那么按照公式⑤更新参数，直至训练集中不存在误分类数据。

阅读拓展

**求解感知器模型函数的示例**

现有一个具体的训练集，包含三个数据，$A(3,\ 6;\ +1)$，$B(5,\ 5;\ +1)$，$C(2,\ 1;\ -1)$，如图 4-3-8 所示。

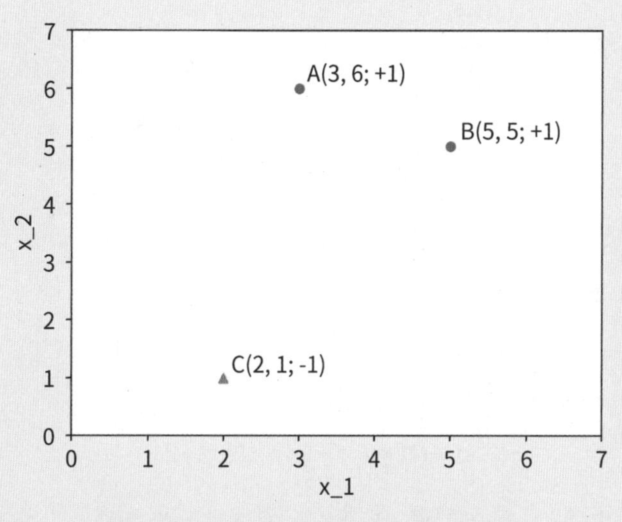


图 4-3-8　感知器训练结果示意图

计算该训练集感知器模型的步骤：

(1) 选取初始参数 $a_1$，$a_2$，$b$，假定初始时 $a_1=0$，$a_2=0$，$b=0$；

(2) 对 $A(3,\ 6;\ +1)$，$y\times(a_1x_1+a_2x_2+b)=0$，未能被正确分类，更新 $a_1$，$a_2$，$b$：

$$a_1 \leftarrow a_1 + y'x_1' = 0+(+1)\times 3 = 3$$

$$a_2 \leftarrow a_2 + y'x_2' = 0+(+1)\times 6 = 6$$

$$b \leftarrow b + y' = 0+(+1) = 1$$

得到线性模型 $a_1x_1 + a_2x_2 + b = 3x_1 + 6x_2 + 1$。

(3) 对于 $A$，$B$ 两个数据，显然 $y\times(a_1x_1+a_2x_2+b)>0$，被正确分类，不修改参数；对于 $C(2,\ 1;\ -1)$，$y\times(a_1x_1+a_2x_2+b)<0$，被误分类，更新参数：

$$a_1 \leftarrow a_1 + y'x'_1 = 3 + (-1) \times 2 = 1$$
$$a_2 \leftarrow a_2 + y'x'_2 = 6 + (-1) \times 1 = 5$$
$$b \leftarrow b + y' = 1 + (-1) = 0$$

得到线性模型 $a_1x_1 + a_2x_2 + b = x_1 + 5x_2$。

(4) 对于 C(2, 1; −1)，$y \times (a_1x_1 + a_2x_2 + b) < 0$，被误分类，更新参数：

$$a_1 \leftarrow a_1 + y'x'_1 = 1 + (-1) \times 2 = -1$$
$$a_2 \leftarrow a_2 + y'x'_2 = 5 + (-1) \times 1 = 4$$
$$b \leftarrow b + y' = 0 + (-1) = -1$$

(5) 对于 C(2, 1; − 1)，$y \times (a_1x_1 + a_2x_2 + b) < 0$，被误分类，更新参数：

$$a_1 \leftarrow a_1 + y'x'_1 = -1 + (-1) \times 2 = -3$$
$$a_2 \leftarrow a_2 + y'x'_2 = 4 + (-1) \times 1 = 3$$
$$b \leftarrow b + y' = -1 + (-1) = -2$$

(6) 对于 A，C 两个数据，显然 $y \times (a_1x_1 + a_2x_2 + b) > 0$，被正确分类，不修改参数；对于 B(5, 5; +1)，$y \times (a_1x_1 + a_2x_2 + b) < 0$，被误分类，更新参数：

$$a_1 \leftarrow a_1 + y'x'_1 = -3 + (+1) \times 5 = 2$$
$$a_2 \leftarrow a_2 + y'x'_2 = 3 + (+1) \times 5 = 8$$
$$b \leftarrow b + y' = -2 + (+1) = -1$$

(7) 对于 C(2, 1; − 1)，$y \times (a_1x_1 + a_2x_2 + b) < 0$，被误分类，更新参数：

$$a_1 \leftarrow a_1 + y'x'_1 = 2 + (-1) \times 2 = 0$$
$$a_2 \leftarrow a_2 + y'x'_2 = 8 + (-1) \times 1 = 7$$
$$b \leftarrow b + y' = -1 + (-1) = -2$$

(8) 对于 C(2, 1; −1)，$y\times(a_1x_1+a_2x_2+b)<0$，被误分类，更新参数：

$$a_1 \leftarrow a_1+y'x_1'=0+(-1)\times 2=-2$$
$$a_2 \leftarrow a_2+y'x_2'=7+(-1)\times 1=6$$
$$b \leftarrow b+y'=-2+(-1)=-3$$

至此，A、B、C 三个点均被正确分类，模型函数为

$$y=\begin{cases}+1, & -2x_1+6x_2-3>0\\ -1, & -2x_1+6x_2-3\leqslant 0\end{cases}$$

实际上，感知器分类模型在学习参数的时候，通常不直接使用公式⑤的形式来更新参数。这是因为直接使用公式⑤可能出现权重更新幅度过大，从而导致参数的过度修正。为了解决这个问题，对于任意一个误分类点 $(x_1', x_2'; y)$，参数 $a_1$, $a_2$, $b$ 的更新方法修改如下：

$$a_1 \leftarrow a_1+\eta y'x_1'$$
$$a_2 \leftarrow a_2+\eta y'x_2'$$
$$b \leftarrow b+\eta y'$$

$\eta$ 称为学习率是一个介于 0 和 1 之间的实数，$\eta$ 越大，参数变化越快，对应的分类直线也就移动地越快；$\eta$ 越小，参数变化就越慢，对应的分类直线也就移动地越慢。$\eta$ 的选择要根据具体的情况进行选择，若 $\eta$ 太大，参数更新太过于剧烈，则会使很多分类正确的样本，在参数更新后被误分类；而 $\eta$ 太小，则会使参数更新过慢，迭代次数增多，影响训练效率。所以，在具体的训练过程中，需要不断地进行尝试，选择一个合适的学习率。

## 项目实施

### 训练二分类器对汽车进行分类

#### 一、项目活动

在汽车特征数据集中选择合适的特征，设计二分类的汽车高低价格分类器，使其能够对不同价位的汽车进行分类，判断汽车是高价车还是低价车。

#### 二、项目要求

根据二分类感知器的一般步骤编写程序训练一个二分类的分类器，运行程序检测分类器的分类准确率。

## 练习与提升

1. 尝试对下面三张图中对应的直线分类的正确程度进行排序，并说明正确程度最低的情况如何操作可以达到正确程度最高的情况。

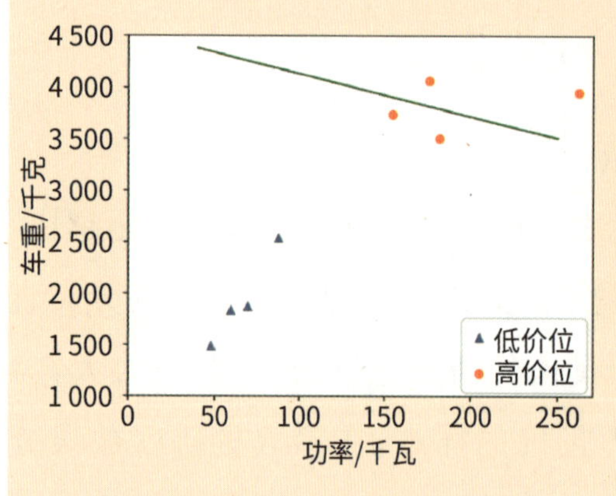


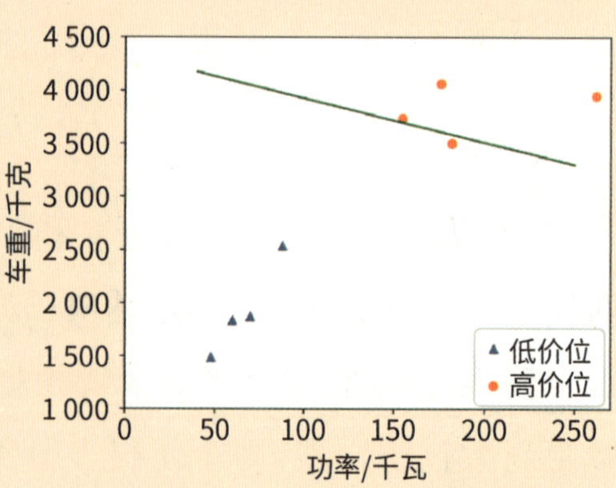

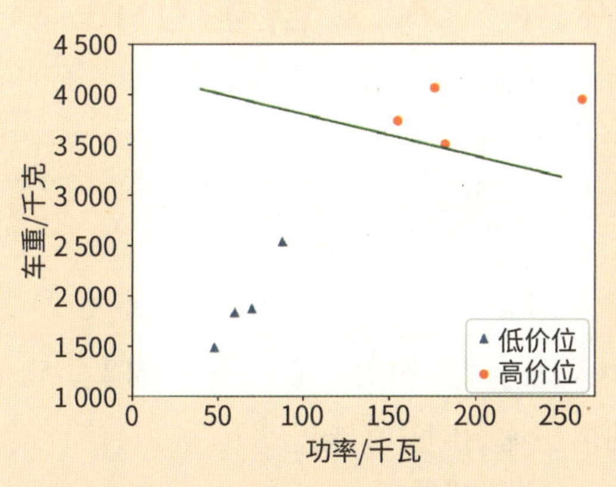


图 4-3-9　分类过程待排序图例

2. 鸢尾花是多年生草本植物，有块茎或匍匐状根茎。鸢尾花有三个亚属，分别是山鸢尾、变色鸢尾和维吉尼亚鸢尾。植物学家总结了鸢尾花的 4 项特征，分别是花萼长度、花萼宽度、花瓣长度、花瓣宽度。挑选任意两个特征能够对鸢尾花进行二分类，思考并回答：如果想区分三个花的类别，该如何实现？尝试寻找鸢尾花数据集，挑选特征，训练一个可以区分山鸢尾和变色鸢尾的二分类器。

# 4.4 人工智能小故事

## 人工智能与大数据会纠正我们的偏见，还是会更糟糕？

很早以前，在美国针对刑事案件，开发了COMPAS、PSA和LSI-R三种风险评估软件，并广泛应用在刑事诉讼程序中。其通过预测对象的再犯率、出庭可能性等因素，对其保释、量刑和假释予以打分决策。目前美国已有50%以上的州法官利用这些人工智能模型进行量刑。

2013年，美国威斯康星州诉埃里克·卢米斯(Eric Loomis)一案中，州立法院判决被告埃里克·卢米斯犯拒捕逃逸罪、盗窃罪，依据COMPAS系统认为被告属于“高风险”，故分别就两项罪名处以2年监禁及2年延期监督、4年监禁及3年延期监督的量刑。被告向州上诉法院上诉，其中的两项主张是：

第一，COMPAS是个黑箱系统，依赖的是过去的量刑案例数据、参数得出结论，法官通常无法获悉其内部决策机制，因此法官使用COMPAS系统的量刑结果并未实际考虑其本人情况，违背了正当程序原则；

第二，COMPAS系统存在针对性别的歧视，对于女性的评估风险等级低于男性。

该案历经州上诉法院、州高等法院审判，并于2017年申诉至美国联邦最高法院，但美国联邦最高法院未受理被告的申诉。法院认为，使用COMPAS系统判刑并未违反被告的正当程序权利，虽然被告无法复核、挑战系统的算法模型是如何计算风险的，但是被告和法官同样可以看到风险报告中的风险评分细则，而且评估结果是基于被告回复问题的答案以及公开可获得的被告犯罪史，其个人因素并未被忽略；针对被告强调的 COMPAS 技术应用于审判存在性别歧视，法院认为被告并无证据证明法院在最终的量刑中考虑了性别这一要素。

该案引发了广泛讨论和对 COMPAS 的技术特征及其社会影响的分析。根据非盈利组织 ProPublica 研究，COMPAS 系统存在歧视现象，具体表现为：相较于大部分人群，某类特殊人群会被错误地评估为具有高犯罪风险。

AI 算法在实际应用中可能会出现偏差性结论或反馈，其中最为典型的是“算法歧视”，对特定社会群体无形中造成不平等的对待，譬如案例中的性别偏见。“算法歧视”一方面根源于人类固有的社会偏见，另一方面，数据采集的合理性也是主要问题之一。譬如，案例中 COMPAS 调查问卷关于“是否居住在一个‘犯罪很多’的街区，以及他们是否难以找到‘超过最低工资’的工作等问题”，这些问题虽没有明显的歧视指向，但如果训练算法背后的大数据集对不同性别的“再犯罪率”具有不同的基础比率（基于历史数据），那么用这些数据训练出的算法就必然会对较高基础比率的人群产生偏见误差，而基于该算法所作的决策便会造成“看不见的不正义”，这显然造成了算法歧视与算法滥用的问题。由于目前能够获取的数据可能并不可靠、算法标准模糊且未达到公开透明程度，盲目信任法律领域的人工智能应用会产生如隐性歧视等新问题、新冲突。

# 总结与评价

**1. 下图展示了本章的核心概念与关键能力，请同学们对照图中的内容进行总结。**

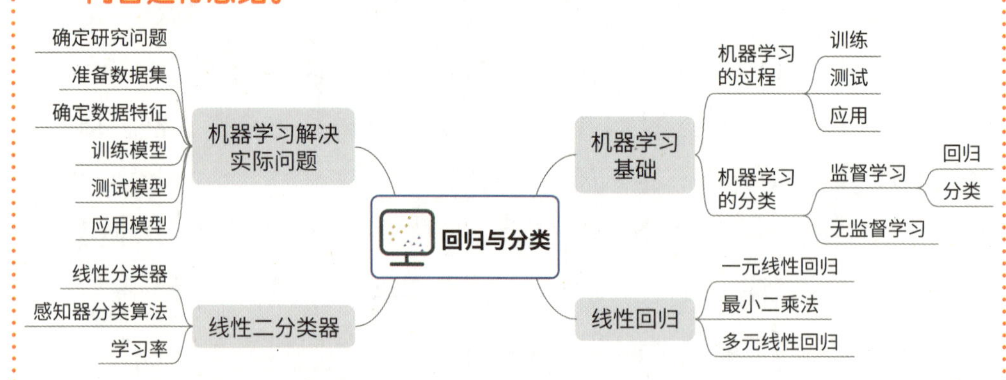


**2. 根据自己的掌握情况填写下表。**

| 学习内容 | 掌握程度 |
| --- | --- |
| 机器学习的概念及三个阶段 | □不了解 □了解 □理解 |
| 数据集、训练集、测试集的区别联系 | □不了解 □了解 □理解 |
| 回归、分类的概念 | □不了解 □了解 □理解 |
| 数据特征与特征向量 | □不了解 □了解 □理解 |
| 确定回归方程 | □不了解 □了解 □理解 |
| 最小二乘法的概念 | □不了解 □了解 □理解 |
| 计算回归系数 | □不了解 □了解 □理解 |
| 应用最小二乘法训练回归模型 | □不了解 □了解 □理解 |
| 多元回归与一元回归的区别 | □不了解 □了解 □理解 |
| 数据对模型的影响 | □不了解 □了解 □理解 |
| 感知器算法的概念 | □不了解 □了解 □理解 |
| 学习率的作用 | □不了解 □了解 □理解 |
| 损失函数的作用 | □不了解 □了解 □理解 |
| 应用感知器训练分类模型 | □不了解 □了解 □理解 |

# 后记

当前，人工智能浪潮正席卷全球。“十四五”期间，以人工智能为代表的新一代信息技术，是实现工业化、信息化、城镇化和农业现代化的重要技术保障，是推动经济高质量发展、建设创新型国家的核心驱动力之一。人工智能的建设和发展需要大批具有人工智能理念、国际视野和创新能力的人才。为了普及人工智能教育、培育人工智能人才，在汤晓鸥教授、潘云鹤院士、姚期智院士的指导下，上海人工智能实验室与华东师范大学出版社合作，组织一线教师共同编写《人工智能基础》系列丛书，共分四册。在编写过程中，我们致力于实现三个基本目标：

**知识**

传递人工智能的基础原理与知识，感受人工智能对社会生活的影响。

**思维**

培育人工智能时代所需的思维方式，包括编程、建模和系统思维。

**能力**

使用人工智能技术解决问题，提高开拓创新的能力。

为完成上述目标，各章节采用循序渐进的原则，逐步推进知识的传授和能力的培养。在具体设计上，采取以下思路：

1. 每册立足于一个应用领域，从核心模型、基本技术、实践应用、社会影响四个知识圈层逐层展开。学生在学习知识过程中，能体会各层知识之间的相互联系。为满足不同层次的学习，本书将部分章节处理为选学内容，并在章节标题处加 * 标注。

2. 知识讲授和实践项目相互配合，平行推进。具体而言，各章的实践项目基于各章知识的应用场景，各章实践项目之间在能力层面是逐步提升的关系。

3. 知识点在各章节中平衡配置，使得学习曲线尽可能均衡。

基于以上思路，编写团队针对篇章架构、概念组织、语言表述进行了充分推敲和讨论。完成初稿后，遴选部分试点学校进行使用，在大家的共同努力下，经历多次修改和打磨，书稿终于付梓。

在此感谢为编写团队审稿并提出宝贵意见、建议的专家：戴勃、吕建勤、乔宇、周博磊、谢作如、陈柯宇、成慧、段浩东、李怡康、吕照阳、邵睿、王广聪、王历伟、王泰、王钰、吴桐、相里元博、徐霖宁、赵扬波、周锴阳。特别感谢为本书编写承担管理工作的汤雨竹、王婉秋、许劭华、张崇珍，为本书设计插画的设计师何梦菲、文思颖、张明珠、赵贵铭。此外，也特别感谢华东师范大学出版社的编辑，他们为本套图书的出版付出了辛勤的劳动。

最后，我们感谢未来本套图书的读者，希望大家通过阅读本套图书，能够对人工智能有一个初步的了解，进而不断在人工智能领域探索，为未来建设智能社会贡献自己的力量。